AF462692

à un Amériquain

*sur l'histoire naturelle de m*r. de Buffon ;
*et sur les observations microscopiques de m*r. Néedham.

---

quatriéme partie.

à Hambourg

I. 7. 5. I.

Errata.

11e. lettre.

e 10. *ligne* 19. fait, *lisez*, faits.
e 18. *ligne* 4. & *ligne* 11. spontané, *lisez*, spontanée.
e 19. *ligne* 7. spontané, *lisez*, spontanée.
e 24. *ligne* 14. spontané, *lisez*, spontanée.
e 34. & *page* 35. *lignes premieres*, spontané, *lisez*, spontanée.
e 46. *lignes* 9. & 10. *effacez* : comme il forme à l'extrémité du filet.
e 47. *ligne* 8. fils, *lisez*, files.
e 53. *ligne* 8. corolloïde, *lisez*, coralloïde.
e 92. *ligne* 10. en rien : *ajoutez* (cette métaphysique.)

12e. lettre.

e 23. *ligne* 15. manieres de son être, *lisez*, façons de perception.
l. ligne 15. peu, *lisez*, peut.
e 85. *ligne pénultiéme*, sont, *lisez*, font.
e 138. *ligne* 11. senstive, *lisez*, sensitive.
e 146. *lignes* 18. & 19. innées dans les, *lisez*, la combinaison des.
e 157. *lignes* 10. & 11. *effacez* ; si l'on ne peut pas dire dans ce sens,

10e. lettre.

Idée de la description du cabinet du roi, par m^r^. d'Aubenton.

Je conviens m^r^. que pour vous donner une idée complette des trois vol. de l'histoire naturelle, il me restoit à vous entretenir de la partie que m^r^. d'Aubenton y a fournie et qui commence la description du cabinet du roi : vous exigez avec empressement que je vous en parle, moins pour vous procurer une connoissance entiere de l'histoire générale de la nature, que par un motif qui vous intéresse personnellement. Vous avez déja fait des collections de plusieurs morceaux d'histoire naturel-

le

le propres à votre nouveau monde; il est très-raisonnable de souhaiter, comme vous faites, un modéle de méthode pour les arranger, et des avis pour les conserver. Vous espérez trouver ces deux avantages et dans la maniere dont le cabinet du roi est ordonné, et dans les réflexions de m^{r}. d'Aubenton sur les procedés qu'on doit employer pour préserver de tout accident tant d'objets souvent si délicats; mais, je vous préviens, vos espérances ne seront pas remplies: l'examen que je ferai de la partie de l'ouvrage de m^{r}.d'Aubenton qui est relative à l'intérêt que vous y prenez, ne vous le prouvera que trop. Je me borne à présent à cette partie: si dans la suite vous exigiez de moi que je discutasse ce qui auroit été omis, j'y reviendrai volontiers. Vous ne trouverez donc, ni modéle

déle ni préceptes dans le travail de mr. d'Aubenton, ni pour ordonner un cabinet, ni pour conserver ce qui le compose ; mais en réfléchissant sur un plan d'arrangement que vous ne goûterez certainement pas, vous vous donnerez à vous même les leçons que vous comptiez trouver dans la description du cabinet du roi; ainsi le premier objet de votre lettre sera rempli.

Le second m'embarasseroit bien davantage, si je n'avois pas déja pris les devants. Le seul projet d'analyser l'ouvrage de mr. Néedham, je vous l'avouë, pensa me décourager, mais heureusement cette analyse est faite, et elle est faite pour vous, c'est-à-dire, que j'en ai voulu dévorer toutes les difficultés. Je ne compris rien, mais absolument rien à la premiere lectu-

re

re du systême de mr.. Néedham; j'en fus piqué; je résolus de faire des extraits de son livre pour en réduire, s'il étoit possible, la doctrine, et en rapprocher les piéces éparses. Ce travail me réussit, et après avoir écrit mes réfléxions sans dessein, je repris ces matériaux, je leur donnai une forme, et j'en composai deux lettres que je vous destinois, et qui étoient finies vers la fin de 1750. Il y a des choses dont on vient à bout insensiblement, sans avoir de but bien marqué et dont on n'auroit osé former le dessein. Lorsque ces lettres furent achevées, je trouvai que la seconde exigeoit trop d'application, parce qu'elle mene à la plus profonde métaphysique; je craignis qu'elle ne vous fatiguât; je ne pensois pas d'ailleurs que vous eussiez connoissance de cet ouvrage si enigmatique et si inaccessible. Par cette raison même certains esprits le trouvent admirable. Je résolus donc de laisser mes deux lettres dans mon cabinet ; mais puisque l'extrait que vous avez vu dans le journal de Verdun a piqué votre curiosité, je change d'avis et vous envoye mes deux lettres : si elle vous ennuyent, vous vous en prendrez, s'il vous plaît, à votre curiosité. Au reste l'ouvrage de m^{r}. Néedham tient plus à la doctrine de m^{r}. de Buffon qu'au travaïl de m$_{r}$. d'Aubenton ; cependant, pour suivre vos vûes, j'examinerai dabord l'ouvrage de ce dernier.

Il commence l'histoire du cabinet du roi par la description des piéces anatomiques qui y sont conservées : cette collection dans laquelle on a fait entrer celles que l'académie des sciences avoit rassemblées, est-elle aussi complette qu'on s'attendroit à la trouver dans un païs où l'anatomie est parvenue à un si haut point de perfection ? On y fait entrer plusieurs squelettes depuis la hauteur de deux pouces et demi, jusqu'à celle du squelette d'un homme formé ; on y décrit aussi certains os difformes, plusieurs parties soit injectées, soit desséchées; enfin des concretions pierreuses. Les descriptions de chacune de ces suites sont précédées de différens mémoires. Par exemple, avant de presenter les squelettes, on fait l'histoire de l'art de blanchir les os, de les joindre pour en faire des squelettes. On prépare à la description des piéces injectées, en exposant les progrès de l'art des injections ; on détaille les procedés qu'il faut suivre pour y réussir, etc. ces mémoires renferment

des

des objets intéressans.

La description des piéces d'anatomie injectées est coupée par l'énumeration de celles qui sont représentées en bois, en cire, etc. Cette espéce de catalogue occupe plus de cent pages, et c'est un vrai hors-d'œuvre : je ne me fais point à voir au haut de chacune de ces pages, *histoire naturelle*, tandis que je ne vois au dessous que d'admirables effets de l'art. On m'occupe d'un œil artificiel, de tout l'appareil de l'organe de l'ouïe exécuté en bois, tandis que je sçai que toutes ces parties représentées par ces machines, ont été si bien dissequées par de très-habiles anatomistes, tels que m^rs^. du Vernei, Valsalva, etc. l'imitation me déplaît où je devrois trouver la chose imitée. Le commun des lecteurs est, je crois, de mon avis, et et pense que cette suite de piéces exécutées avec tant d'art, est une vraye digression dans une histoire naturelle.

Je pourrois me borner, mr. au compte abregé que je viens de vous rendre du travail de mr. d'Aubenton; mais un objet m'y a frappé, et il nous intéresse également l'un et l'autre, c'est l'arrangement qu'on a suivi dans le cabinet du roi. Mr. d'Aubenton en donne l'idée dans une espéce d'avant-propos qui a mérité d'être inseré presqu'en entier dans le dictionnaire encyclopedique : cette distinction est flateuse pour mr. d'Aubenton, car les auteurs, dont on a inseré les recherches dans cette vaste compilation, n'ont pas tous l'honneur d'y être cités. J'ai été assez heureux pour voir les feuilles du second vol. de l'encyclopédie où se trouve l'article, *cabinet*, avant que l'ouvrage fût distribué.

» Le cabinet * du Roi (y dit-on) » a commencé à intéresser le pu» blic par sa propreté et par son » élegance ; on a pris dans la suite » tant de soins pour le complet» ter, que les acquisitions qu'il a » faites en tout genre, sont surpre» nantes, surtout si on les compa» re avec le peu d'années qu'on » compte depuis son institution. » Les choses les plus belles et les » plus rares y ont afflué de tous les » coins du monde ; et elles y ont » heureusement rencontré des » mains capables de les réunir avec » tant de convenance, et de les » mettre ensemble *avec tant d'ordre*, » qu'on n'auroit aucune peine à y

» rendre

* Dict. Ency. T. 2. CAB. pag. 490. col. 2.

» rendre à la nature un compte
» clair et fidéle de ses richesses. »

On ne doit rien rabbattre de l'éloge qu'on fait ici de la propreté et de l'élegance du cabinet du roi : armoires, bureaux, glaces, tout annonce la grandeur et la magnificence; mais les louanges qu'on donne à m^{r}. d'Aubenton doivent être un peu restreintes. Il est vrai que m^{r}. d'Aubenton connoît l'étendue et le prix de l'ordre ; il est vrai qu'il est très-versé dans ce qu'on appelle élegance de Symetrie ; il est encore vrai qu'il est très-capable de lier ensemble et l'ordre qui instruit l'esprit, et le goût qui plaît aux yeux; il est digne de remplir la place qu'il occupe, mais c'est pour cela même qu'on a droit de se plaindre de ce qu'il resserre l'usage de ses talens par trop de déférence à des avis vagues plus propres à faire désesperer de trouver l'ordre, qu'à apprendre à le suivre. L'asservissement aux vûes d'autrui dégrade un génie heureux: celui de mr. d'Aubenton est tellement refroidi par de pareils égards, que dans l'arrangement qu'il a donné au cabinet du roi, il seroit presque impossible de *rendre à la nature un compte clair et fidéle de ses richesses.*

Vous avez vu, mr. quels sont ces avis vagues, dont je me plains, dans l'examen que j'ai fait de la nouvelle méthode d'étudier l'histoire naturelle; on en voit quelques traits dans l'encyclopedie, mais adoucis et confondus avec des maximes très-sages sur la nécessité de l'ordre.

Voyez les lettres précédentes.

» Un cabinet d'histoire naturelle est fait, (y dit-on) pour instruire. C'est là que nous devons » trouver en détail et par ordre ce

Encycl. au mot *cabinet.*

que

» que l'univers nous presente en » bloc. Il s'agit d'y exposer les » thrésors de la nature selon quel- » que distribution relative soit au » plus ou au moins d'importance » des êtres, soit à l'intérêt que » nous y devons prendre, soit à » d'autres considérations moins » sçavantes et plus raisonnables : » peut-être (il est difficile de les de- » viner) entre lesquelles il faut » préférer celle qui donne un ar- » rangement qui plaît aux gens de » goût, qui intéresse les curieux, » qui instruit les amateurs, et qui » inspire des vûes aux sçavans. » Dans ces derniers mots on voit le vrai but qu'on se doit proposer dans l'arrangement d'un cabinet d'histoire naturelle : mais qu'il est difficile d'y atteindre, si l'on s'en rapporte à celui qui propose un dessein si louable ! » Mais satisfaire à ces

» differens

» differens objets (continue l'encyclopedie) sans les sacrifier trop » les uns aux autres, accorder aux » distributions scientifiques, sans » s'éloigner des voyesde la nature, » n'est pas une entreprise facile. »

Cette réflexion est obscure et enveloppée: on ne sçait ce que c'est que *les voyes de la nature*, et on le sçait d'autant moins que l'auteur de ce morceau de l'encyclopedie avoit dit plus haut en style d'oracle : » l'ordre d'un cabinet ne peut être » celui de la nature ; la nature affecte en tout un desordre sublime. » Si cela est, l'arrangement qu'on a donné au cabinet du roi est une copie assez fidéle de la nature : le bel ordre symetrique que les yeux y admirent, pourroit peut-être être appellé dans un certain langage, *un desordre sublime*.

Enfin

Enfin, l'auteur de cette partie du dictionnaire encyclopedique, revient aux idées claires qu'il a proposées; il fait une apostrophe vive, qu'assurément je n'adresserai point à mr. d'Aubenton, mais qui convient parfaitement à ceux qui auroient suivi les principes de la nouvelle méthode d'étudier l'histoire naturelle. » Qu'est-ce qu'u-
» ne collection d'êtres naturels sans
» le mérite de l'ordre? A quoi bon
» avoir rassemblé dans des édifices,
» à grande peine, à grands frais,
» une multitude de productions,
» pour me les offrir confondues
» pêle-mêle; et sans aucun égard,
» soit à la nature des choses, soit
» aux principes de l'histoire natu-
» relle? Je dirois volontiers à ces
» naturalistes qui n'ont ni goût ni
» génie: renvoyez toutes vos co-
» quilles à la mer; rendez à la terre

» ses

» ses plantes et ses engrais, et né-
» toyez votre appartement de cet-
» te foule de cadavres, d'oiseaux,
» de poissons et d'insectes, si vous
» n'en pouvez faire qu'un cahos,
» où je n'apperçois rien de distinct
» qu'un amas où les objets épars
» ou entassés, ne me donnent au-
» cune idée nette et précise. Vous
» ne sçavez pas faire valoir l'opu-
» lence de la nature, et sa richesse
» déperit entre vos mains : restez
» au fond de la carriere ; taillez des
» pierres, mais laissez à d'autres le
» soin d'ordonner l'édifice. »

Cette sortie si véhémente est digne du zéle le plus déclaré pour l'ordre. Le jugement que l'on porte de celui qu'on a établi dans le cabinet du roi est exprimé, 1°. par le témoignage que l'on rend que toutes les collections renfermées dans ce cabinet »sont rangées par ordre » méthodique, et distribuées de la » façon la plus favorable à l'histoire » naturelle ? » 2°. par le soin que l'on prend d'inserer les observations de mr. d'Aubenton, » sur la » maniere de ranger et d'entretenir » en général un cabinet d'histoire » naturelle : elles ne sont point au » dessous d'un aussi grand objet » nous dit-on. Comparez ce jugement, mr. avec les réflexions dont je vais vous faire part.

Un des plus beaux points de vûe que présentoit le projet de la description du cabinet du roi, c'étoit un modéle de collection de diverses productions de la nature. On esperoit y trouver les moyens de donner un bel ordre à ces collections, les précautions nécessaires pour les conserver, enfin les res-

sources

sources pour les completter. Le 1er. objet est traité dans le discours préliminaire de mr. d'Aubenton, mais d'une maniere vague et très-capable de faire concevoir à des particuliers, l'esperance de faire quelque chose de supérieur en genre d'ordre, au cabinet du roi. Le second objet ne me paroît pas rempli. Ce qu'il y a de mieux, ce sont de très belles vûes fournies par un sçavant sur la sagacité, sur l'exactitude, et sur la fidélité duquel le public est depuis long-tems en possession de compter avec une pleine sécurité. Mais ces vûes n'étoient que des préparations à des instructions plus complettes sur la maniere de conserver dans les cabinets les pieces de tout genre sujettes à corruption. Mr. d'Aubenton n'ignore pas les promesses que ce sçavant a faites de donner ces instruc-

tions

tions au public. Enfin le 3e. objet est réduit à un seul moyen très-dispendieux, lent, sujet d'ailleurs à un inconvénient considerable. Je vais discuter ces trois points séparément.

I. J'examine dabord quel est l'arrangement que mr. d'Aubenton à mis dans le cabinet du roi et qu'il propose pour modéle aux personnes jalouses de donner la meilleure disposition aux curiosités qu'ils rassemblent. Il faut dabord rendre justice à l'auteur; il connoît l'ordre; il en sçait le prix: vous en jugerés, mr. par cet extrait.

Hist. nat. ed. in 12. tom. 6. p. 4.

» L'arrangement le plus favorable à l'étude de cette science (l'histoire naturelle) seroit l'ordre méthodique qui distribue les choses qu'elle comprend, en classes, en genres

» genres et en especes. Ainsi les » animaux, les végétaux et les mi» neraux seroient exactement sé» parés les uns des autres. Cha» que régne auroit un quartier à » part. Le même ordre subsiste» roit entre les genres et les espe» ces ; on placeroit les individus » d'une même espece les uns au» près des autres, sans qu'il fût » jamais permis de les éloigner. On » verroit les especes dans leur gen» res, et les genres dans leurs clas» ses. Tel est l'arrangement qu'in» diquent les principes que l'on a » *imaginé* pour faciliter l'étude de » l'histoire naturelle ; tel est l'or» dre qui seul peut les réaliser. » Voila des notions très-précises, si l'on excepte pourtant le trait par lequel cette citation est terminée, qui décele un disciple de m^r^. de Buffon, qui emprunte le langage

de

de son maître, et qui en prend souvent le ton.

Voulez-vous connoître les avantages de l'ordre méthodique? L'auteur vous l'apprendra dans les ter-
p. 5. mes les plus énergiques. » Tout
» en effet y devient instructif: à chaque coup-d'œil, non-seulement on prend une connoissance réelle de l'objet qu'on considére, mais on y découvre encore les rapports qu'il peut avoir avec ceux qui l'environnent. Les ressemblances indiquent le genre, les différences marquent l'espece. Ces caracteres plus ou moins ressemblans, plus ou moins differens, et tous comparés ensemble, presentent à l'esprit et gravent dans la mémoire *l'image de la nature*. En la suivant ainsi dans la varieté de ses productions, on

» passe

» passe insensiblement d'un regne à
» un autre ; les dégradations nous
» préparent peu à peu à ce grand
» changement qui n'est sensible
» dans son entier que par la compa-
» raison des extrêmes. Les objets
» de l'histoire naturelle étant pré-
» sentés dans cet ordre, *nous occupent*
» *assés pour nous intéresser par leurs rap-*
» *ports sans nous fatiguer, et même sans*
» *nous donner le dégoût qui vient ordinai-*
» *rement de la confusion et du désordre.* »

Quels avantages ! Qu'ils sont favorables aux progrès des sciences! Plus on y est sensible, plus on a de déplaisir, lors qu'on lit à la suite de ce bel éloge : » Cet arrangement p. 64
» paroît si avantageux que l'on de-
» vroit naturellement s'attendre à
» le voir dans tous les cabinets. Ce-
» pendant il n'y en a aucun où l'on
» ait pû le suivre exactement ; et

» j'avoue que le cabinet du roi a
» bien des irrégularités à cet égard.
» Mon dessein avoit été de ne m'en
» permettre aucune; mais il ne m'a
» pas été possible de l'exécuter. »
L'aveu ne peut être plus précis, et je ne sçai comment le concilier avec le témoignage que l'encyclopédie rend au cabinet du roi que » tou-
» tes ces collections (y) sont ran-
» gées dans l'ordre méthodique. »

Bien des irrégularités dans le cabinet du roi! Dans un cabinet confié aux soins d'un sçavant qui connoît si bien l'ordre, qui en décrit si bien les avantages, et cela parce qu'avec la meilleure volonté du monde on n'a pû faire autrement; encore s'il ne s'agissoit que de quelques irrégularités sauvées avec adresse, et dont le spectateur sentiroit la nécessité!

D'où

D'où naît donc cette espece d'impossibilité, de maintenir l'ordre dans les collections d'histoire naturelle? Mr. d'Aubenton la croit voir dans la disproportion du volume, dans la convenance des places, dans les inconvéniens de l'ordre méthodique: voyons comment il développe les désavantages que, selon lui, ces trois considérations entraînent.

» Il y a des especes et même des p. 74
» individus qui, quoique dépendans
» du même genre, ou de la même
» espece, sont si disproportionnés
» pour le volume, que l'on ne peut
» pas les mettre les uns à côté des
» autres; *il en est de même pour les genres*
» *& quelquefois aussi pour les classes.* »

Voilà ce que l'on peut appeller des irrégularités en grand: des clas-

ses

ses qu'on ne peut mettre dans un ordre méthodique, des genres distribués d'une maniere contraire à cet ordre, des especes tirées de leur place. On ne voit point certainement pourquoi la disproportion des volumes empêchera que deux classes ou deux genres ne soient mis dans leur rang : les bibliothéques donnent des exemples de l'ordre qu'on peut suivre malgré les disproportions de grandeurs : mais on a bien d'autres facilités par rapport aux objets dont il s'agit ici. L'auteur d'ailleurs, en nous donnant quelque exemple de ces classes, de ces genres, de ces especes si difficiles à réduire à l'ordre méthodique, auroit pû nous mettre plus à portée ou de lui applaudir ou de le réfuter.

Le second inconvénient dont mr. d'Aubenton est frappé, est appa-

remment

remment relatif au premier. » On Ibid.
» est souvent obligé (continue-t-il)
» d'interrompre l'ordre des suites,
» parce qu'on ne peut pas concilier
» l'arrangement de la méthode avec
» la convenance des places. »

Peut-être qu'un particulier, qui trouveroit dans sa maison un cabinet garni par ses ancêtres d'armoires et de rangs de tiroirs destinés à d'autres usages, aimeroit mieux s'en servir pour y placer ses collections d'histoire naturelle, que de faire la dépense d'une nouvelle boiserie; il seroit alors effectivement gêné par la convenance des places; il seroit forcé de troubler l'ordre méthodique dans l'arrangement de ses acquisitions, une économie nécessaire rendroit ce désordre pardonnable. Mais dans le cabinet du roi y auroit-il de la décence à sacrifier l'ordre à la crainte de la dépense qu'entraîneroit la réforme de quelques armoires, de quelques rangs de tiroirs, de l'ordonnance de boiseries même entieres dans quelques sales. Dans un cabinet d'histoire naturelle les places doivent être réglées par le rang qu'exigent les choses précieuses qu'on a à placer : l'élégance du travail ne doit être d'aucune considération quand on l'oppose aux avantages de l'ordre ; elle dépend même de cet ordre.

Le troisiéme inconvénient, et celui qui détermine mr. d'Aubenton, est que » l'ordre méthodique » qui dans ce genre d'étude plaît si » fort à l'esprit, n'est presque ja- » mais celui qui est le plus agréable » aux yeux. » Cette réflexion pourra toucher tous ceux qui ne portent que des yeux au cabinet du

roi,

roi ; il ne s'agira plus que de sçavoir si ces rares collections n'ont été faites que pour ces curieux de l'un et de l'autre sexe qui préferent la très-vaine satisfaction d'être éblouis à celle de s'instruire : ils sont le plus grand nombre ; et cette considération, sans doute, aura touché mr. d'Aubenton, mais il n'a pas pensé que le plus grand nombre ne se décide sur les objets qui se rapportent aux sciences, que sur le suffrage du petit nombre des sçavans. En voyant une symétrie qui flatte les yeux, mais dont l'ordre est condamné par les connoisseurs, celui qui le sçait, quoique ses lumieres soient aussi bornées que celles du plus grand nombre, se retire avec le double plaisir et d'avoir été récréé par le spectacle, et de censurer celui qui a eu l'art de l'amuser d'objets qui ne sont faits que pour l'esprit,

par

par une ordonnance qui ne convient qu'à des colifichets, ou tout au plus à des porcelaines de Saxe qui relevent un dessert. Il n'arrive que trop souvent que ceux même qui ont le plus de génie, se laissant emporter par la multitude, sacrifient l'instruction à l'amusement, parce que les hommes ont plus de pente à se décider par le sentiment que par la lumiere. Telle est, je pense, la cause de l'illusion de mr. d'Aubenton, lorsqu'il a subordonné la méthode à la symétrie.

A cette occasion ne vous récrierez vous pas, mr : » Qu'est donc
» devenue cette belle chaîne d'êtres
» célébrée avec tant d'enthousiasme
» par mr. de Buffon, où un regne
» passe au suivant par des succes-
» sions de nuances imperceptibles ?
» N'est-ce pas le plus beau coup-

d'œil

» d'œil qu'on puisse présenter aux » yeux, et le seul capable de leur plai- » re, et à l'esprit ? » Ne devoit-elle pas être tendue, cette belle chaîne, dans le cabinet du roi : où pou- voit-elle être présentée avec plus d'avantage ? » Est-il donc impos- » sible de la mettre sous les yeux ? » Oui, m^{r}, je le crois un peu, parce que j'ai quelques doutes sur sa réa- lité, et j'ai eu l'honneur de vous les communiquer.

Mais on pourra être dédommagé de cette perte par un spectacle plus vrai ; l'ordre pourra servir de gui- de à l'art, et écarter tout ce qui peut blesser les yeux. Car quoi- qu'il ne soit pas question de les en- chanter dans la forme d'un cabinet d'histoire naturelle, il est impor- tant, je l'avoue, de ne les pas cho- quer.

Il

Il y a réellement un cabinet, ou plutôt une suite de cabinets, où tous les inconvéniens qui ont arrêté mr. d'Aubenton, ont été prévenus. Ce sont ceux où mr. de Reaumur a rassemblé de si nombreuses collections. Les yeux de ceux qui les viennent voir sont aussi satisfaits du spectacle qu'ils leur donnent, que l'esprit l'est de l'arrangement des objets. Dans les voyages que j'ai faits à Paris, j'ai eu plusieurs fois le plaisir de les admirer dans ces jours où l'affluence des étrangers y est si grande. Tous étoient aussi touchés que moi de l'ensemble qui résulte d'une immense quantité d'objets différens, et étoient également frappés de l'ordre dans lequel ils sont placés. Ils disoient qu'ils en sortoient avec des connoissances que l'arrangement leur avoit procurées, au lieu qu'ils n'avoient

rien

rien remporté des cabinets où l'on avoit négligé de disposer tout avec ordre. Les boëtes dans lesquelles le maître de ces thrésors de la nature a imaginé de loger les oiseaux, les quadrupedes, les insectes levent presque toutes les difficultés que mr. d'Aubenton a cru être des obstacles insurmontables à un arrangement méthodique. Si quelques pieces par leur énorme grandeur demandent à être mises hors des rangs, on n'en est point choqué, parce que le nombre en est très-petit. Une autruche qui se trouve éloignée des oiseaux avec lesquels elle a plus de rapport, ne tire pas à conséquence. Il n'est personne qui puisse être insensible au coup-d'œil que donnent les suites d'oiseaux de ces riches cabinets. On y a trouvé l'art de placer les insectes, de maniere à donner, quoique moins en grand, un spectacle aussi agréable. Enfin ces cabinets sont aussi renommés dans toute l'Europe par la méthode et l'ordre qui y regnent, que par les suites d'animaux et de minéraux qui y sont rassemblés; car ce n'est pas le petit nombre des pieces que mr. de Reaumur avoit à placer qui lui a donné la facilité de les assujettir à un aussi grand ordre.

On sçait qu'il a des collections de pieces qui sont les plus difficiles à arranger, telle que celle des oiseaux, actuellement unique et qui est si nombreuse, qu'on seroit tenté de la juger complette, si lui-même n'avertissoit qu'elle ne l'est pas. Deux collections qui sont des suites de celle des oiseaux, et qu'on ne paroît pas avoir songé à faire pour le jardin du roi, ne manquent pas

d'attirer

d'attirer les regards de ceux qui sont introduits dans les cabinets de mr. de Reaumur ; l'une est celle des œufs des oiseaux de différens genres, elle offre plus de variétés qu'on ne s'y attendroit et pour la couleur et pour la figure ; l'autre est la collection de toutes les différentes especes de nids, qui fait admirer la multiplicité des arts que la nature a appris à des oiseaux de tant d'especes, pour venir à bout d'exécuter des ouvrages si réguliers.

Ceux qui ont présidé jusqu'ici au jardin du roi ne nous ont pas paru fort occupés de l'étude si intéressante des insectes, ni du soin d'en former une suite un peu complette. Il n'est donc pas étonnant si la collection des insectes du cabinet du roi, n'approche pas de celle que les recherches de mr. de Reaumur lui ont procurées. On voit dans ses cabinets non-seulement ceux qu'il a sçu si bien voir, mais encore un très-grand nombre qui lui ont été envoyés à l'envi par les sçavans de toutes les parties du monde. On voit encore un beau monument de la tendresse et de l'estime qu'il s'est acquises dans le cœur des sçavans, dans sa belle collection de minéraux, dont les échantillons lui ont été adressés de toutes parts. Il est parvenu, par ce moyen si flatteur pour un cœur aussi noblement sensible que le sien, à former une collection de minéraux toute autre pour le nombre des pieces que celle du jardin du roi, qui en a des morceaux beaucoup plus chers, sans en avoir pourtant aucun du prix de ce morceau unique d'or de m$_r$. d'Onzembrai.

Or si l'on a pû mettre dans un si grand ordre des collections d'oiseaux, d'insectes, de matieres minérales, et conserver cet ordre malgré les objets nouveaux qui surviennent journellement ; il n'est donc pas impossible, comme il l'a paru à mr. d'Aubenton, de ranger sous un ordre satisfaisant les amas les plus considérables de curiosités naturelles.

On sent aussi dans les cabinets de mr. de Reaumur que l'ordre a des agrémens réels, et qu'il n'est point aussi intraitable que mr. d'Aubenton se l'est figuré. Car cet auteur prétend qu'il a des défauts essentiels. » Quoique l'or- p. 71
» dre méthodique (nous dit-il)
» ait bien des avantages, il ne laisse
» pas d'avoir plusieurs inconvé-
» niens ; on croit souvent connoî-

» tre

» tre les choses, tandis que l'on » n'en connoît que les numéros, » ou les places : il est bon de s'é» prouver quelquefois sur des col» lections qui ne suivent que l'or» dre de la symétrie et du contras» te. » J'ose dire que dans l'ordre symétrique on ne démêle ni les choses, ni les numéros, ni les places. On est précisément à cet égard, comme un homme qui regarde un parterre, où les fleurs ne sont distribuées que pour présenter un émail gracieux. Ce n'est pas pour ceux qui n'ont de goût que pour l'émail qu'un fleuriste dispose son parterre, (il sçait trop que, l'imagination séduite par un amas éclatant de couleurs, ne peut se fixer à considérer un objet particulier, sans le distraire sur l'enchantement du coup-d'œil ;) de même un sçavant n'arrange pas un cabinet pour ceux qui se contentent du coup-d'œil.

Mr. d'Aubenton fait une remarque très-judicieuse, que pour s'affermir dans la connoissance de l'histoire naturelle, il faut quelquefois en chercher les différens objets dans les lieux où ils sont mêlés ; mais ce ne peut être dans la vûe d'éviter l'inconvénient de l'ordre ; c'est au contraire pour s'assurer, qu'on le possede, et pour le graver plus profondement dans la mémoire. Ainsi un éleve ayant pris les sçavantes leçons de botanique que l'on donne au jardin du roi, et ayant été conduit dans ce jardin où les plantes sont disposées en très-bel ordre par les soins de ce sçavant si éclairé, si modeste, et dont les connoissances prodigieuses semblent couler de source, et

être

être à la discrétion de tous ceux qui se présentent pour lui demander des instructions, cet éleve, dis-je, prend une idée de l'ordre, lorsqu'il va à la campagne à la suite de ce grand maître. (J'ai eu le plaisir de faire une de ces promenades aussi agréables qu'utiles.) Il sçait démêler dans la confusion, où les plantes sont distribuées dans la nature, celles dont on lui a expliqué les caracteres, il les rapporte au genre et à l'espece où la méthode les a fixées; si la mémoire ne le sert pas fidélement, il interroge son maître et reçoit une nouvelle leçon. Il apprend de plus à s'intéresser à tous les objets de l'histoire naturelle: les insectes, les pierres et tout ce que la nature peut offrir est ramassé dans les herborisations. Les étudians apprennent à connoître les productions de ces

différens

différens regnes. Ils prennent, sans s'en appercevoir et sans se fatiguer, le vrai goût de l'histoire naturelle entiere, quoique les plantes soient leur principal objet.

Mais afin qu'on puisse faire la même épreuve sur les autres parties de l'histoire naturelle, est-il donc nécessaire qu'il y ait du désordre dans le cabinet du roi ? N'en trouve-t-on pas assés dans les cabinets de tant de personnes plus curieuses que sçavantes, qui comme des enfans qui font tout entrer sans choix et sans intelligence dans la construction de leurs chapelles, sacrifient à un goût aussi puérile, des matériaux précieux destinés à élever le palais auguste de la science, où l'on ne devroit trouver que la plus noble, la plus sage et la plus juste proportion.

Ne

Ne pourroit-on pas employer utilement l'abondance du cabinet du roi, après avoir donné à l'ordre méthodique tout ce qu'il exige, en abandonnant, puisqu'on le veut, les pieces doubles à la symétrie dans des cabinets particuliers, afin que dans la confusion qui en résulteroit on pût s'exercer à rapporter chaque objet à l'espece, au genre, à la classe où on les avoit vus dans l'ordre méthodique. Je comparerois cette idée à celle d'un homme qui ayant une bibliothéque dans le plus bel ordre, choisiroit une autre salle pour y mettre ses doubles, mais pêle-mêle, occupé seulement du coup-d'œil que peut former l'égalité des volumes, la ressemblance des relieures et des formats, afin de donner au spectateur le plaisir, quoique fatiguant, de les reconnoître et de les rassem-

bler

bler.

Mr. d'Aubenton a eu cette idée; mais il l'a eu d'une façon encore plus singuliere, quoiqu'on ait peine à croire qu'il l'ait proposée sérieusement; car ce ne sont pas les doubles qu'il destine à un ordre symétrique, ce sont des especes et des genres qu'il exclud de l'ordre méthodique; c'est par système, c'est de propos délibéré qu'il le fait. Ecoutons-le.

» Le cabinet du roi étoit assés p. 7.
» abondant pour fournir à l'un et
» à l'autre de ces arrangemens; (au
» méthodique et au symétrique:)
» ainsi dans chacun des genres *qui*
» *en étoit susceptible*, j'ai commencé
» par *choisir* une suite d'especes, et
» même de plusieurs individus de
» chaque espece, pour faire voir

les

» les variétés aussi-bien que les es-
» peces constantes, et je les ai ran-
» gées méthodiquement par genres
» et par classes. Le surplus de cha-
» que collection a été distribué dans
» les endroits les plus favorables,
» pour en faire un ensemble agréa-
» ble à l'œil, et varié par la diffé-
» rence des formes et des cou-
» leurs. »

A prendre cet énoncé dans le sens qu'il présente, on jugeroit qu'il y a des genres qui ne sont pas susceptibles de l'ordre méthodique; que sous les genres même qui peuvent être soumis à la méthode, il y a des especes qui ne peuvent y entrer, et que d'autres ne sont bons qu'à mettre pêle-mêle, mais avec quelque symétrie. Seroit-ce là son idée : elle est bien étrange?

Quelles

Quelles pourroient donc être ces especes malheureuses qui sont séparées de celles de leur genre ? Mr. d'Aubenton ne dit point ce qui décide son choix : leur beauté, leur éclat, leur prix en un mot, seroit-il contre elles ? Leur importance le détermineroit-elle à les confondre dans le désordre élégant qu'il prépare pour charmer les yeux ? Il semble l'insinuer. » C'est-là que » les objets *les plus importans* de l'histoire naturelle sont présentés à » leur avantage ; on peut les juger » sans être contraints par l'ordre » méthodique, parce qu'au moyen » de cet arrangement, on ne s'occupe que des qualités réelles de » l'individu, sans avoir égard aux » caracteres arbitraires de genre et » d'espece. » Ibid.

Connoit-on bien un objet qu'on ne

ne compare à rien de connu ? comment est-il présenté avec avantage, si l'on ne fait attention ni en quoi il differe des choses dont il est environné, ni en quoi il leur ressemble ; si en un mot il n'y a autour de lui aucune piece de comparaison ?

» Si on avoit toujours sous les » yeux, (poursuit l'auteur) des » suites rangées méthodiquement, » il seroit à craindre qu'on ne se » laissât prévenir par la méthode, » et qu'on ne vînt à négliger l'ordre » de la nature, pour se livrer à des » conventions auxquelles elle n'a » souvent que très-peu de rap- » port. » Il n'est pas facile de concevoir ce qui effraye ici m$_r$. d'Aubenton, et encore moins de concilier la réflexion qu'il vient de faire, avec les éloges qu'il a donnés

à

à la méthode. Vous les avez vus, mr., et je les transcrirai encore, parce qu'ils réfutoient d'avance ce que mr. d'Aubenton nous dit présentement. Dans l'ordre méthodique » les ressemblances indi» quent le genre, les différences » marquent l'espece ; ces caracte» res plus ou moins ressemblans, » plus ou moins différens et tous » comparés ensemble, présentent » à l'esprit, et gravent dans la mé» moire l'image de la nature. » Ce qui présente à l'esprit, ce qui grave dans la mémoire l'image de la nature, conduit-il à négliger la nature ?

On sent néanmoins ce qui fait de la peine à l'auteur, lorsqu'il parle de conventions, auxquelles la nature n'a souvent que très-peu de part, lorsqu'il dit que les principes

sur

sur lesquels l'ordre méthodique a été établi, ont été imaginés, qu'ils sont arbitraires et fautifs pour la plûpart. Il y a un équivoque à démêler dans son esprit. M. d'Aubenton confond les principes de l'ordre avec leur application. Il n'y a point d'arbitraire dans les principes en eux-mêmes, il y en a dans l'usage qu'on en fait. Quels sont ces principes ? Que les choses qui ont les ressemblances les plus frappantes, doivent être mises dans les mêmes classes. Le simple coup-d'œil, par exemple, fait une classe à part des quadrupedes et les distingue, malgré toutes les différences qu'ils ont entr'eux, des oiseaux, des reptiles etc. Le principe vient de la nature elle-même et n'est point arbitraire. Parmi les quadrupedes, (nous nous bornerons, s'il vous plaît, à cet exemple ;) on voit

des

des différences qui indiquent une soudivision : les uns vivent d'herbes, les autres de fruits, d'autres de carnage ; plusieurs, comme les furets etc. semblent aimer par préférence à se nourrir de sang : les uns ruminent ; d'autres ne ruminent point : les uns sont domestiques ; d'autres sont sauvages : les uns ont des cornes ; d'autres n'en ont point. Il y a des quadrupedes qui ont le pied terminé en sabot ; il y en a qui ont la corne du pied fendue ; il y en a qui ont des doigts aux pieds, etc. et plusieurs de ces différences peuvent être réunies dans une même sorte d'animaux. Ces secondes différences prises une à une, ou combinées, sont, pour ainsi dire, les élémens d'une division de quadrupedes en genre ; et ces élémens ne sont point arbitraires. Dans un 3e. ordre de différences très-réelles, lesquelles prises une à une ou combinées, seront des élémens ; on aura les principes non-arbitraires d'une seconde soudivision en especes. Peut-être même trouveroit-on un 4e. ordre de différences pour fonder une soudivision dans les especes, et cet ordre on l'appellera comme on voudra. Peut-être encore ne poussons-nous pas assés loin ces soudivisions ; car il arrive souvent que nous trouvons des quadrupedes équivoques, qu'on ne sçait à quelle espece rapporter, faute d'avoir assés analisé les différences, ou parce qu'il falloit multiplier les soudivisions.

Dans la nature tout est méthodique, les suites d'êtres ne sont ni équivoques ni confondues, puisque leurs différences et leurs points de ressemblance sont très-bien dé-

termínés,

terminés. A la vérité la distribution des êtres est fort mêlée, fort confuse sur la surface de la terre par rapport au local assigné aux productions de la nature. Tout est sans ordre, mais la graduation des êtres, et c'est ce dont je parle, les différences qui les caractérisent dans chaque dégré, tout cela est très-fixé, et ne dépend nullement de notre façon de concevoir les choses : nous ignorons cette graduation, et c'est à cause de cette ignorance que nous trouvons de l'arbitraire, lorsque nous voulons imiter la sage économie de la nature. Nous connoissons les élémens de cette graduation ; mais nous pouvons nous tromper, et dans le choix et dans les combinaisons de ces élémens. Nous pouvons ne pas suivre la marche de la nature ; cette marche est un objet très-digne des recherches d'un philosophe : nous espérions que m^{r}. d'Aubenton nous mettroit sur les voyes.

Il est vrai que la connoissance de l'ordre de la nature n'est pas l'ouvrage d'un siécle. Nos suites de productions naturelles auront sans doute des défauts ; mais nous aurons beaucoup fait pour nos neveux, si nous commençons ce grand ouvrage. Ils verront nos fautes, et ils les réformeront. Ils ne se contenteront pas comme nous de quatre ou cinq ordres de distributions ; ils ne chercheront peut-être pas cette chaîne d'êtres non-interrompue qu'on fait beaucoup valoir par le discours, et dont on n'ose pas même tenter de faire voir l'ordre des chaînons sensibles, lorsqu'on a dessein de présenter en pe-

tit

tit le spectacle de la nature. Peut-être verront-ils des branches, des rameaux, où nous ne voulons voir qu'une ligne droite. Mais en attendant; le plus mauvais ordre méthodique, fût-il alphabétique comme celui des dictionnaires, est préférable au plus bel arrangement symétrique. En un mot, le manque d'ordre essentiel à la symétrie, est un vice infiniment plus nuisible aux progrès des sciences, que ne l'est un défaut, quelqu'énorme qu'il puisse être, dans l'ordre méthodique.

Puisque mr. d'Aubenton a été si blessé de ce qu'il voyoit d'arbitraire dans l'ordre méthodique, comment n'a-t-il pas apperçu combien la symétrie elle-même est arbitraire? Que dis-je! il l'a bien senti: » Par rapport à la maniere de pla-

» cer

» cer et de présenter avantageusement les différentes pieces de l'histoire naturelle, *je crois que l'on a toujours à choisir* ; il y en a plusieurs qui peuvent être aussi convenables les unes que les autres pour le même objet : c'est au bon goût à servir de regle. » Vous voyez l'arbitraire bien marqué. Ajoutons que si c'est au goût à décider, on auroit bien fait de prendre l'avis de quelques dames, car dans les choses de goût, elles l'emportent sur tous les hommes, et plus encore sur les sçavans que sur ceux pour lesquels le coup d'œil est une regle infaillible.

Si mr. d'Aubenton ne fait pas assez cas de l'ordre, en revanche il sçait ménager le terrain. Il veut que le plafond soit garni de curiosités : » c'est, nous dit-il le seul

» moyen

» moyen de faire un ensemble qui
» ne soit pas interrompu ; & même
» il y a des choses qui sont
» mieux en place étant suspendues
» que par-tout ailleurs. » Pourquoi le parquet ne sera-t-il pas aussi garni ? d'où vient ne le mettroit-on pas à profit aussi-bien que le plafond ? ce seroit alors qu'on auroit réellement un ensemble qui n'auroit aucun vuide. En suivant cette vue, je proposerois d'incruster le parquet d'écailles de tortues les plus rares, de nacres, de bezoars, de pétrifications, etc. on pourroit encore, selon la saison, y étendre des peaux d'animaux, mouchetées, tachetées singuliérement, on ménageroit par-là un ornement qui imiteroit les tapis de Turquie, dont on couvre en hyver le parquet des salles de conversations, ou les carreaux des salons.

Quant

Quant aux piéces qu'il croit mieux en place étant suspendues, il entend apparemment les oiseaux; car des quadrupedes, ou des reptiles suspendus ne feroient pas un effet bien agréable : au lieu que des oiseaux en l'air, les aîles déployées (c'est leur place naturelle, quoiqu'alors la beauté de leur forme et celle des plumes fût en pure perte) feroient un spectacle assez amusant : mais il faudroit pour en jouir, prendre des attitudes de tête très-gênantes, et peu de personnes trouveroient du goût dans un arrangement qu'ils ne pourroient admirer qu'à ce prix.

Il falloit que mr. d'Aubenton se défiât un peu de l'élégance de l'ordre qu'il a mis dans le cabinet du roi, car dans la description qu'il en donne, il ne fait aucune mention

du

du local de la position des piéces, ni de la distribution relative aux différentes salles qu'elles occupent. L'auteur s'objecte, et l'objection est assez solide : » J'avouë que cette indi-
» cation donneroit la facilité de
» trouver celles que l'on voudroit
» après avoir lû leur description,
» mais on pourroit y être trompé;
» car les choses ne restent pas tou-
» jours dans la même place, (ni
» dans la même salle apparemment) » on est obligé de les dépla-
» cer toutes les fois qu'on en ap-
» porte de nouvelles pour com-
» pletter les collections. » Si les connoissances de mr. d'Aubenton étoient bornées aux objets rassemblés dans le cabinet du roi, on concevroit qu'à mesure qu'il feroit de nouvelles acquisitions, il faudroit tout boulverser ; mais instruit autant qu'il l'est, il sçait ce qui manque

que en chaque genre dans le cabinet. Il peut laisser des places vuides pour ce qu'il se propose d'acquérir ; ces vuides feroient honneur à la prévoyance de celui qui décide de l'ordre. Comment fait-on dans les bibliothéques où les vuides sont moins suportables ? Tout cela se fait aisément dans les collections de m^r^. de Reaumur : il a sçu y ménager des vuides qui n'ont rien de choquant ni de désagréable.

L'auteur continue : » Il n'est » donc pas possible d'avoir un or- » dre suivi dans les numeros qui » sont au cabinet ; mais ces mê- » mes numeros sont rapportés par » ordre dans cet ouvrage, de sorte » qu'il sera très-facile de trouver » dans le livre ceux que l'on aura » vûs dans le cabinet. » Comment

ment ne peut-il pas y avoir de numeros suivis dans le cabinet, tandis qu'ils le seront dans la description qu'on en fait ? je n'entens absolument point la pensée de l'auteur. Je conçois très-bien qu'une personne qui visiteroit ces cabinets, ayant sousles yeux la description qu'on en donne, pourroit prendre assez d'exercice en passant d'une piéce à l'autre pour en découvrir les numeros : mais que cet exercice seroit très-peu amusant ! N'est-ce pas d'ailleurs un grand inconvénient qu'il soit inutile de se préparer par la lecture de la description du cabinet, à le voir avec plus d'ordre et par conséquent avec plus de fruit ?

Tout ce que je vous ai rapporté jusqu'ici de m^r^. d'Aubenton, vous aura prouvé, m^r^. qu'il ne fournit

que

que des instructions vagues à ceux qui veulent donner de l'ordre à leurs collections. Il leur fait naître une haute idée de l'ordre méthodique ; il prononce ensuite qu'il est impraticable. Il dit que certains genres que certaines especes ne sont point susceptibles d'ordre, il ne les nomme point. Il préfére l'ordre symétrique comme le plus avantageux, & non-seulement il laisse le choix de ce genre de distribution au goût de ceux qui ont des collections à arranger ; mais la description qu'il donne du cabinet du roi est telle qu'elle ne fournit aucun modéle dont on puisse faire usage. Voyons s'il sera plus précis dans ses avis sur la conservation des piéces de l'histoire naturelle.

II. Par rapport à celles que l'on a fait dessecher pour les conserver

dans

dans les cabinets, l'auteur nous fait observer qu'il y a de grandes précautions à prendre pour empêcher que l'intempérie des saisons ne leur nuise, & que plusieurs sortes d'insectes ne les rongent. Mais il réduit ces précautions à empêcher l'air humide, ou les rayons du soleil, de pénétrer dans la salle où elles sont placées, et à examiner si on n'apperçoit point quelques débris sous le corps desseché, qui annoncent que les insectes s'y sont déja fixés. Il n'a pas même pensé à prévenir l'approche de ces insectes : on a pourtant besoin de leçons claires & détaillées sur cet article. Il borne enfin la vigilance contre les entreprises des insectes, à cinq mois de l'année ; et je ne sçai si l'on ne doit point en user dans tous les tems, quoiqu'il y en ait où elle peut être moins soute-

nue

nue que dans d'autres.

Il s'étend beaucoup plus sur les moyens d'empêcher que l'esprit de vin, où plusieurs animaux sont conservés, ne s'affoiblisse en s'exhalant. Mais ce qu'il propose de plus détaillé est pris d'un mémoire que m[r]. de Reaumur avoit lû en partie dans une sçeance publique et en partie dans des assemblées particulieres de l'académie : il en avoit obtenu une copie collationnée; m[r]. de Reaumur s'est plaint modestement de ce petit larcin litteraire. Vous verrez le mémoire dont je vous parle dans ceux de l'académie de l'année 1746; vous y admirerez, et dans l'addition qui le suit, l'attention de m[r]. de Reaumur à épargner des dépenses aux curieux, et à leur procurer les moyens de conserver leurs acquisitions en fait de productions

Voyez Mém. de l'Acad. 1746. p. 517.

ductions naturelles. Il est à propos de vous faire connoître l'extrait que mr. d'Aubenton a fait de ce mémoire, que son auteur ne jugeoit pas assez détaillé, ni confirmé par une assez longue expérience. Cet extrait est fidéle et bien fait, je ne vous en rapporterai qu'un morceau : » L'huile n'étant pas capa- p. 241.
» ble d'intercepter l'évaporation
» de l'esprit de vin lorsqu'elle le
» couvre, mr. de Reaumur à trou-
» vé le moyen d'arrêter cette éva-
» poration, en la couvrant elle-mê-
» me par l'esprit de vin ; pour cet
» effet, on verse dans un bocal de
» l'huile de la hauteur d'environ un
» pouce, on le remplit d'esprit de
» vin assez bien déflegmé, pour
» qu'il soit spécifiquement moins
» pesant que l'huile, et ensuite on
» ferme le vaisseau ; alors on le re-
» tourne, c'est-à-dire, on le po-

» se

» se sur son couvercle. L'huile » tombe par ce renversement sur » le couvercle qui est devenu le » fond du vase, et par conséquent » l'esprit de vin est au-dessus de » l'huile : dans cette position, les » vapeurs sont retenues comme » dans un vaisseau sçêlé herméti- » quement, puisqu'elles sont ar- » rêtées par le fond du bocal qui » se trouve à l'endroit où devoit » être son ouverture, s'il n'avoit » pas été renversé. Et cette li- » queur ne peut s'échapper au tra- » vers de l'huile qui la soutient, » car m^r^. de Reaumur a éprouvé » qu'il n'y avoit eu aucune diminu- » tion sensible dans plusieurs bo- » caux où il avoit gardé de l'esprit » de vin selon ce procedé pendant » dix à onze mois. »

M[r]. d'Aubenton rend compte

ensuite

ensuite des différens essais que mr. de Reaumur a faits pour arriver au même but en employant le vif-argent, au lieu de l'huile. Pour rendre l'usage du mercure moins dispendieux, mr. de Reaumur applique sur l'ouverture du bocal » un » couvercle de verre convexe, dont » la convexité entre dans le vais» seau ; alors il suffit pour arrêter » l'esprit de vin, qu'il y ait seule» ment un limbe de mercure sur le » joint qui se trouve entre le cou» vercle et les bords du vaisseau. » Le même joint doit-être recou» vert en dehors par un mastic qui » retienne le mercure, et qui puis» se aussi retenir l'esprit de vin. »

Ces deux procédés, de faire reposer le vase où l'esprit de vin est contenu sur son couvercle, et d'employer le vif-argent pour prévenir l'évaporation de l'esprit de vin avec

très-

très-peu de dépense, sont très ingénieux, parce qu'ils sont très-simples. Un troisiéme moyen dont mr. d'Aubenton dit quelque chose, mais dont l'usage est plus détaillé dans l'addition que mr. de Reaumur a faite à son mémoire, n'est pas moins ingénieux et paroît mériter la préférence, c'est d'employer l'huile épaissie au point qu'elle soit spécifiquement plus pesante qu'un mélange de deux tiers d'esprit de vin et d'un tiers d'eau; mais il faut voir ce détail dans les mémoires de l'académie.

Décrire les travaux de mr. de Reaumur, c'est le louer, et le public sçaura un gré infini à mr. d'Aubenton, de la tournure délicate qu'il a prise pour faire l'éloge de ce grand homme. Mais lui pardonnera-t-on le silence qu'il garde sur

l'usage

l'usage de ces procédés si utiles. A-t-il essayé de profiter de la méthode de m^{r}. de Reaumur, voit-on qu'il l'ait mise en pratique dans le cabinet du roi? Non. Suffit-il donc de bien décrire les découvertes heureuses, ne vaudroit-il pas mieux se les rendre propres en les rendant usuelles? Est-ce que m^{r}. d'Aubenton l'auroit tenté sans succés? Peut-être n'a-t-il parlé de ce mémoire de m^{r}. de Reaumur que comme de ces choses à la vérité ingénieuses, mais dont l'utilité est assez bornée dans la pratique: c'est ce qu'il semble insinuer dans les réflexions suivantes. » Toutes ces p. 255.
» recherches de détail ne valent
» pas la peine qu'elles donnent, ni
» le tems qu'elles prennent, sur-
» tout lorsqu'on travaille dans un
» cabinet fourni à un certain point.
» Il faut que l'on puisse employer

» tous les vases qui peuvent se » trouver, quelque forme qu'ils » ayent, car on a des choses de tou» te sorte de figure à y mettre; et il » faut de plus, pour que la com» modité soit entiere, que l'on » puisse les tenir debout ou renver» sés, couchés, ou inclinés dans » tous les sens. »

Que les découvertes de m^r. de Reaumur ne vaillent pas la peine qu'elles donnent, ni le tems qu'elles prennent, qu'on puisse les mettre au rang de ces petites pratiques dont parle l'encyclopédie dans l'article que j'ai cité, que tout le monde trouveroit aisément, si l'on vouloit s'y appliquer, c'est un point dont le public ne conviendra ni en france, ni dans les autres parties de l'europe. On ne voit point pourquoi la nécessité d'employer des

des vases de toute sorte de figure et de capacité exclud les précautions que mr. de Reaumur indique. Tout au contraire cette nécessité exige qu'on prenne la peine et le tems de varier les procédés pour bien boucher ces differens vaisseaux. On ne voit pas non plus aucun cas où il soit plus avantageux de tenir les vases debout ou appuyés sur leur fond, plutôt que sur leur couvercle. Et s'il est nécessaire de tenir quelques-uns de ces vases inclinés, ou couchés, il faudra apporter encore plus d'attention dans la maniere de les boucher.

Mr. d'Aubenton est peu d'accord avec lui-même. Dabord il parle de la maniere d'empêcher l'évaporation de l'esprit de vin, comme d'un objet important: il l'est aussi.

Cette

Cette évaporation cause des dépenses, et engage à des soins bien capables d'éteindre le goût de faire des collections qui exigent qu'on employe un grand nombre de bocaux remplis de liqueur. Et dans la suite, il nous dit, que les précautions qu'on prend pour empêcher cette évaporation ne valent pas la peine qu'elles donnent. La peine qu'elles donnent, qui est très-petite, si l'on suit les procédés de m$_r$. de Reaumur, dispense de celle de déboucher et reboucher les bocaux toutes les années, plusieurs fois même dans une année; il épargne des dépenses réitérées de beaucoup d'esprit de vin à ceux qui ne trouvent déja que trop grande celle qu'ils sont obligés de faire au moins une fois.

Il n'y auroit pas de mal à dimi-

nuer

nuer cette dépense dans le cabinet du roi, par rapport à un usage qu'on y fait de l'esprit de vin. Le dictionnaire encyclopédique apprend qu'on y conserve des oiseaux. Comment mr. d'Aubenton, à qui des poissons qui ne se trouvent pas posés horisontalement dans des bocaux, déplaisent; peut-il tenir des oiseaux dans un élement si different de celui qui leur est naturel, et où ils font une si mauvaise figure, qu'ils sont entierement méconnoissables. Mais il veut les conserver; il n'en sçait pas apparemment d'autre moyen. Il peut aussi ignorer ceux de rendre un air de vie à des oiseaux qu'on a apporté de loin dans des vases pleins d'esprit de vin.

On doit au reste excuser dans mr. d'Aubenton, le peu d'empresse-

men

ment qu'il témoigne à éprouver long tems les procedés inventés par les autres, puisqu'il en marque si peu à vérifier ses propres découvertes. Il a imaginé un amalgame de mercure et de plomb à très-peu de frais. » Ayant mis sur chaque bocal une plaque de verre qui » entroit d'une ligne au dessous des » bords de son ouverture (du bocal) et ayant appliqué un limbe » d'amalgame sur le joint qui étoit » entre la lame de verre et les bords » du vase, j'ai renversé (dit-il) et » retourné ces bocaux, et je les ai » laissé *plusieurs jours dans cet état*, » sans que le poids de la liqueur » l'ait fait suinter au dehors, ni » même ait dérangé le verre qui les » fermoit. »

Je ne sçai pourquoi on n'a pas tenu toujours renversés les bocaux

après

après les avoir bouchés selon cette méthode. Il me semble qu'il y a un grand avantage à opposer le fond du vase à la force qu'à l'esprit de vin, pour s'exaler par en haut. Au reste, il faut voir dans les mémoires de l'académie ce que mr. de Reaumur dit de cet amalgame. Il paroît que ses épreuves ne l'ont pas absolument assuré du succés.

On croiroit lire à la suite de cette découverte, qu'on l'a employée pour lutter tous les bocaux du cabinet du roi, qu'ils le sont ainsi depuis long-tems, et qu'on ne s'est apperçû d'aucune évaporation ; point du tout, on ne s'explique point là-dessus. Peut-être n'a-t-on appliqué l'amalgame qu'à quelques vaisseaux pour en faire l'expérience ; peut-être, dans le tems qu'on rend compte de cette découverte,

verte, n'avoit-on pas eu le tems de la bien constater: que sçai-je? ce qui arrive à nos glaces que l'on garnit d'un amalgame semblable, et que l'humidité altère très-souvent, auroit dû engager à multiplier les épreuves et à les continuer long-tems. Mr. de Reaumur au contraire toujours aussi attentif à instruire le public, à lui épargner le tems et les dépenses des épreuves, qu'à travailler à perfectionner ses cabinets, n'a pas oublié de parler dans les mémoires de l'académie, d'un grand nombre de bocaux bouchés à sa maniere qui ont soutenu les épreuves de plusieurs années.

J'abrége pour satisfaire l'impatience où vous devez être, de voir les deux lettres que je vous ai annoncées sur le très-singulier ouvrage ge de mr. l'abbé Néedham, pour cette raison je ne vous dirai qu'un mot d'un des meilleurs moyens que mr. d'Aubenton a imaginé pour completter des cabinets d'histoire naturelle.

III. Ce moyen est très-simple. Le voici. C'est » de recueillir avec soin les débris des collections particulieres, lorsque le moment de leur dispersion arrive. » C'est-à-dire, en bon françois, lorsqu'on en fait la vente publique après la mort du propriétaire.

Ce moyen d'augmenter des collections est assurément le plus commode qu'on puisse trouver, quand on peut disposer des sommes que fournit la libéralité d'un grand roi. Mais ce moyen qui n'est que rarement un de ceux que les

les sçavants puissent employer, ne feroit faire, même au cabinet du roi, que des progrès très-lents. Les occasions de faire des acquisitions en ce genre ne sont rien moins que fréquentes; elles ne peuvent procurer pour l'ordinaire que certaines pieces remarquables. Il me semble qu'on doit s'y prendre tout autrement pour parvenir à faire des suites très-nombreuses en chaque regne, et aussi complettes qu'on peut les avoir. Celui qui y travaille doit par lui-même faire des recherches dans le païs où il se trouve, rassembler tout ce que la nature peut y offrir, et elle offre prodigieusement dans chaque païs à des yeux qui sçavent voir. Mais c'est de ses correspondances qu'il doit attendre plus de richesses; il auroit besoin d'intéresser à l'accroissement de son cabinet, tous

les

les amateurs de l'histoire naturelle qui se trouvent dispersés dans toutes les contrées de la terre. Ce n'est point à prix d'argent qu'on parvient à multiplier à ce point les correspondans, c'est en se faisant généralement aimer par tous ceux qui sont sensibles aux progrès de l'histoire naturelle, en méritant leur estime, en les convainquant du bon usage que l'on fera des matériaux qu'ils nous adresseront, et en leur en faisant honneur.

C'est par ces différens moyens, dont m[r]. de Reaumur a fait un si heureux usage, qu'il a pû être en état de faire des collections si complettes et si renommées. De toutes les parties de l'Europe, de tous les païs du monde où des naturalistes ont pénétré, on lui envoye à l'envi. Il doit se sçavoir gré de ce qu'aucune qu'aucune des piéces de ses cabinets n'y est entrée à prix d'argent ; loin de le cacher, il le dit volontiers à tous ceux qui viennent le visiter, et quand il ne le diroit pas, des étiquettes attachées à chaque piece apprendroient assez à qui elles sont duës. Ce n'est pas la reconnoissance seule qui l'a engagé à avoir cette attention, il prétend, et avec raison, qu'on ne doit faire cas que des morceaux dont on sçait l'histoire, dont le païs natal est au moins certainement connu ; le nom de celui qui les a donné en est un garand, et cet avantage ne se trouve que très-rarement dans les piéces qu'on acquiert aux ventes publiques, ou que l'on n'achepte que de quelque voyageur souvent plus heureux qu'intelligent. Le grand art de former des cabinets & de les rendre parfaits, est donc

d'animer

d'animer le zèle des amateurs de l'histoire naturelle.

En voila beaucoup plus, mr. que je ne m'étois proposé de vous en écrire en commençant cette lettre. Je me hâte de vous donner une idée des expériences de mr. Néedham ; elles forment quelques difficultés contre l'opinion établie sur le concours de tant d'expériences, que les animaux naissent généralement de meres ovipares ou vivipares. Je n'ai pû vous rendre un compte bien exact des observations de mr. Néedham, qu'en opposant des suppositions intelligibles à son inintelligible doctrine, et qu'après avoir vérifié avec tout le soin nécessaire les faits sur lesquels il l'établit. Depuis mon examen, dont les deux lettres suivantes sont le résultat, j'ai fait encore plusieurs expériences que je vais mettre incessamment en ordre, et où vous trouverez des réponses aussi précises aux prétentions de m[r]. Néedham. Que de travaux j'entreprens pour vous ! mais quelle difficulté pourroit me décourager, puisque je serai toujours dans la disposition de vous prouver toute l'étendue de mon zêle, et du respectueux dévoüement avec lesquels je suis,

monsieur,

votre

etc.

IIe. lettre.

Idée des nouvelles observations faites par mr. Néedham *de concert avec mr.* de Buffon.

Vous ne connoissez pas, mr, toute l'étendüe des principes de mr. de Buffon ; quoique je n'aie rien négligé de ce qui pouvoit contribuer à vous rendre fidélement l'esprit de son livre ; je ne la connoissois pas moi-même assez ; je n'avois d'autre ressource, pour bien saisir sa façon de philosopher, que son histoire naturelle : mr. Néedham est venu à mon secours par le volume qu'il vient de nous donner.

Cet

Cet auteur est fort connu par des *observations microscopiques*, comme il les appelle, qui parurent en françois en 1747, et qui furent bien reçües du public : il s'étoit lié très-étroitement à Paris avec m^r^. de Buffon; il y avoit entr'eux une communication très-intime d'études et d'expériences. Dans son nouveau livre il rend compte des observations qu'il a faites de concert avec m^r^. de Buffon, et dont celui-ci a tiré beaucoup de conséquences dans son histoire du cabinet du roi. Ainsi nous trouvons dans les nouvelles observations de m^r^. Néedham un supplément à l'ouvrage de son ami, et de plus l'origine de plusieurs paradoxes avancés par l'intendant du jardin du roi, et que nous ne sçavions à quoi rapporter. Tels sont ces deux-ci: que nous sommes créateurs des mathématiques; que cer-

tains

tains animaux qui sont formés de végétaux, redeviennent ensuite des plantes, puis des animaux d'une seconde espece. Ce qui reste en propre à mr. de Buffon, et dont il ne doit partager la gloire avec personne, se réduit à peu près à son système sur la formation des planettes, sur la construction du globe terrestre et à l'invention des petits moules où se façonnent les germes des plantes & des animaux.

On peut dire même que, sur la maniere dont les animaux & les végétaux perpétuent leur espece, mr. Néedham, qui paroît s'être tracé une route nouvelle, tend au même but que mr. de Buffon s'étoit proposé, & que le système du premier n'est que le développement de celui du second; du moins mr. Néedham le prétend ainsi. » Il me P. 202.

» semble,

» semble, dit-il, dans une note;
» par l'examen des deux théories
» joint à la connoissance que j'ai
» des idées particulieres de mr. de
» Buffon, que mes observations et
» ma théorie commencent préci-
» sément où il a jugé à propos que
» les siennes finissent. S'il eût rai-
» sonné sur mes découvertes & sur
» toutes les circonstances particu-
» lieres que j'ai observées autant
» qu'il a fait sur les siennes, je ne
» doute pas qu'il n'eût porté la théo-
» rie aussi loin et peut-être avec
» plus de succès et de sagacité. Je
» tâche de le remplacer dans cette
» partie, mais avec toute la défé-
» rence que je dois à une personne
» à qui le mérite et la réputation
» donnent tant de supériorité sur
» moi......... Soit que j'aie rai-
» sonné juste ou non, cela ne di-
» minuera rien de la beauté et de

» l'étendue

» l'étendüe de sa théorie, ni de l'im-
» portance de ses observations sur
» la semence animale, qui seront
» avec justice un sujet d'admira-
» tion pour les siécles à venir : et
» même sans ses expériences, je ne
» serois pas parvenu à établir ma
» théorie dans toute l'étendüe et le
» degré de certitude dont elle est
» susceptible....... *Sa théorie est*
» *antérieure à tout* ; mais nos décou-
» vertes sont à peu près de la mê-
» me date....... En général j'as-
» sistai comme ami et comme cu-
» rieux à la plûpart de ses observa-
» tions, mais je n'ai aucune part à
» celles qui ont été faites sur la se-
» mence animale. » (Cette excep-
ion est très-sage.) » Je me bornai
» aux infusions de toutes especes,
» soit animales ou végétales, et ce
» sont celles là seules qui m'appar-
» tiennent en particulier, quoique
» je

» je raisonne d'après les siennes indifféremment, lorsque l'occasion » s'en présente, comme il a fait à » l'égard des miennes. »

Cet aveu ne peut être plus précis, et il vous donne le droit, mr, d'exiger de moi que je vous rende compte d'un ouvrage, qu'on peut regarder comme le commentaire ou comme la suite de celui de mr. de Buffon. Je préviens vos desirs et je vais tâcher de vous donner l'idée des nouvelles observations microscopiques. On peut fort bien les lire deux ou trois fois de suite, sans y rien comprendre ; car il y regne peu d'ordre et beaucoup d'obscurité. Selon toutes les apparences, l'auteur voyoit trop de choses à la fois, pour les voir distinctement ; et il n'avoit pas assez de tems à donner à un projet *pour lequel dix*

ans

ans de méditations profondes & suivies avec ordre ne suffiroient pas : il se plaint effectivement assez souvent que le loisir nécessaire lui manque. Il ne faut donc pas s'étonner qu'il ait jetté sur le papier ses pensées telles qu'elles lui venoient, sans s'occuper autrement de l'ensemble qu'elles pouvoient former. Au reste il n'a point cherché à prévenir ses lecteurs par un style trop châtié, ils doivent lui en sçavoir gré ; c'est une marque qu'il ne les a pas jugé capables de prendre des mots pour des choses. Il mérite encore des éloges pour la modestie avec laquelle il propose ses sentimens ; je la crois telle, qu'il seroit porté à témoigner beaucoup de reconnoissance à quiconque essaieroit de le détromper ; j'userai de ces dispositions d'autant plus loüables, qu'elles sont plus rares dans les gens de lettres.

Les matérialistes ne pourront pas revendiquer mr. Néedham ; mais son livre, quoique plus favorable à l'immatérialisme qu'au matérialisme, pourroit néanmoins ne pas déplaire à ceux qui font profession de ce dernier système. Ils sont de très-bonne composition : leur sentiment est que tout est matiere, que rien n'est simple ; ils en concluent que l'ame est sujette à la destruction comme le corps. On croit éviter ce funeste terme en s'éloignant, le plus qu'il est possible, de leur façon de penser sur la matiere ; on se trompe, on est surpris de se retrouver avec eux. *Vous spiritualisez la matiere*, diront-ils à ceux qui pensent comme mr. Néedham : *si vous le voulez, nous dirons avec vous que tout est spirituel & simple jus-*

qu'aux

qu'aux élémens de la matiere. Mais le corps dont les élémens sont spirituels, selon vous, est détruit par la mort; il en est donc ainsi de l'ame? Vous distinguez, il est vrai, les élémens de la matiere de l'élément de l'ame; mais il faut bien que vous donniez une distinction si gratuite et si peu digne d'un philosophe conséquent à la religion que vous professez. Je ne sçai si ce raisonnement seroit si fort répréhensible.

Vous aurez, sans doute, fait attention, m^r, à un mot important du passage que je viens de transcrire. » La théorie de m^r. de Buffon, dit l'auteur, est antérieure » à tout: » c'est-à-dire, à toutes les observations des deux amis. M^r. Néedham croit faire dans ce peu de paroles un éloge complet de m^r. de Buffon, en le représentant comme un génie universel et supérieur, qui

songe

songe plutôt à construire l'univers, qu'à découvrir comment il a été formé ; qui conférant ses idées avec ce que le créateur a révélé de ses desseins dans les effets de sa toute-puissance, les vérifie par ses expériences, et par le plan qu'il n'avoit formé que d'imagination. J'avois deviné par avance ce que mr. Néedham nous apprend, que la théorie de mr. de Buffon est antérieure à ses observations, parce que je ne concevois pas comment il avoit pû déduire sa théorie de ses observations; et je concevois au contraire très-bien qu'il avoit assez d'esprit pour forcer ses observations de se rapprocher des principes qu'il se seroit fait ; et que son imagination d'autant plus dominante qu'elle est plus belle, étoit très-propre à lui faire voir dans ses expériences ce qu'il avoit intérêt d'y trouver.

Mr. Néedham est à plaindre d'avoir été prévenu en faveur de la théorie de mr. de Buffon lorsqu'il s'est mis à observer. Il se fait cependant un grand honneur d'avoir donné dans cette prévention. » Il P. 184.
» est tems, dit-il, » maintenant de » reconnoître combien je suis redevable á la pénétrarion de mr. de » Buffon qui m'a le premier engagé dans cette recherche par son » sistême ingénieux qu'il a eu la » bonté de me communiquer, avant » que j'en eusse moi-même la moindre idée, ou que j'eusse fait aucune expérience. » Je vous cite, mr. ce témoignage de mr. Néedham comme étant à sa décharge.

Venons au fond du livre. Notre auteur » n'a, dit-il, que deux P. 200. note.
» vérités générales à établir dans son » essai d'après l'observation. La

» pre-

» premiere ; qu'il y a une force pro» ductrice dans la nature. La se» conde ; que tout corps organisé, » depuis le plus composé jusqu'au » plus simple, est formé par végéta» tion. » Il doit le premier de ces principes, qu'il appelle vérités, à m^r^. de Buffon. Il l'avouë quand il parle de plusieurs conséquences que son ami a tirées, il avouë, dis-je qu'elles se sont trouvées d'accord

P. 216. avec » ses découvertes, et qu'elles » ont paru en résulter, quoi qu'elles » ne fussent pas déduites en effet » d'une connoissance circonstan» ciée de ces nouveaux phenome» nes, mais de ce principe : qu'il y » a une force réelle productrice » dans la nature. » Et il ajoûte : » » Nous nous sommes tous deux ac» cordé en cela il y a fort long-tems, » quoi que nous aions pris différen» tes méthodes, pour expliquer cet-

» te

» te action. » Vous voiés, mr. que dans le livre dont je vous rends compte, ce principe n'est pas tiré des expériences, mais que les expériences sont accommodées à ce principe.

Par cette force productrice, que l'auteur reconnoît dans la nature, il entend une force innée dans un élement immatériel; en sorte que tout corps animal, par exemple, se forme par la vertu intrinseque de cet élement. Car mr. Nédham, comme mr. de Buffon, rejette les germes préexistans, adoptés par le commun des naturalistes. Ainsi dans son idée, les germes des animaux et des plantes, ne sont point l'effet d'une organisation opérée dès le commencement par le créateur; mais ils sont formés par une » force végétative existante dans

» chaque

P. 241. » chaque point microscopique de
» matiere, et dans chaque fila-
» ment. » Quelle est cette force?
Elle réside dans deux principes :
l'expension et la résistance.

Ne pensés pas, mr., que ce soit
la force plastique des anciens et de
quelques modernes; il en parle trop
mal pour vouloir l'adopter. » Cud-
P. 258. » worth, dit-il, Grew, le Clerc et
» quelques autres philosophes a-
» voient fait des réflexions trop
» profondes sur la nature pour ad-
» mettre aucune hypothese, quel-
» que plausible qu'elle fût, qui ex-
» pliquât moins que toute la scène
» qui se découvre à un observateur
» attentif. Ils paroissent cepen-
» dant avoir donné dans l'autre ex-
» trémité, et leur sistême des for-
» mes plastiques, quoi qu'annon-
» çant dans ses détails une imagi-

nation

» nation fort étendue, et de pro» fondes réflexions, déroge autant » à la toute-puissance du créateur » et n'est peut-être pas moins ex» traordinaire que l'opinion où » l'on attribuoit la régularité et le » mouvement des planettes au mi» nistere des anges. » Cela est précis. Cependant, comment nommerons nous cette force qui est intrinseque à la nourriture excédante rejettée, dans les animaux, dans certains reservoirs, qui n'aiant pas le moindre degré d'intelligence, suivant m^rs^. Néedham et de Buffon, a cependant l'art de combiner le sujet où elle réside, de maniere qu'il puisse composer l'admirable machine du corps d'un animal? N'est-ce pas une forme plastique? Qu'elle résulte de la force d'expension et de la résistance; peu importe, si son emploi est celui des for-

mes

mes plastiques : pourquoi n'auroit-elle pas le même nom ?

Mais peut-être que la difference entre ces formes plastiques et la force productrice consiste en ce que les premieres sont un pur effet de l'imagination, et que la seconde est un résultat nécessaire de l'expérience. Voions donc sur quelles découvertes mr. Néedham fonde sa théorie. Elle est à la vérité fort ténébreuse, mais la nature a ses mistères ; ses mistères, sont des faits : l'on ne raisonne point contre des faits.

Dans ses premieres expériences mr. Néedham fait un mélange de quatre infusions, dans lesquelles il y en a une de germes d'amendes séparés avec soin de leurs lobes. « Je
» les mis, nous dit-il, dans des bou-
» teilles bouchées avec du liége ....

P. 190.

„ huit

» huit jours après .... je commençai à appercevoir un petit » mouvement dans quelques parti- » cules de ces semences. ...... Il » étoit visible que le mouvement, » quoiqu'il n'eût alors aucune mar- » que de spontanéité, venoit ce- » pendant d'un effort de quelque » chose qui agissoit à l'intérieur de » la particule, et non d'aucune fer- » mentation dans le liquide, ou de » quelque autre cause extérieure. »

Vous admettrés la conséquence, mr. mais vous y mettrés une restriction. Vous penserés comme moi, que ce mouvement qu'on ne peut attribuer à aucune cause extérieure, est de la même nature que celui qu'on croit être dans les bêtes un acte de spontanéité. Car si une boule en repos sur un plan uni venoit à se mouvoir subitement par une

une force intérieure, et sans être mise en mouvement par aucune cause du dehors, ne diriez-vous pas que ce mouvement est spontané ? De même ne croiriez-vous pas que lorsqu'une des particules dont l'auteur parle, se meut par une activité intérieure vers quelque point préférablement à tout autre, elle le fait par un mouvement spontané ? L'auteur ne le croit pas, et vous allez voir pourquoi. Il con-
P. 151. tinue. » Il se détachoit souvent » un atôme qui étoit aussi gros, ou » même plus gros que ceux qu'il » abandonnoit, et tandis que ces » derniers restoient absolument » immobiles , celui-là s'avançoit » d'un mouvement progressif en » parcourant un espace égal à huit » ou dix fois son diametre, où il » décrivoit une petite orbite; alors » son mouvement se ralentissoit :

il s'ar-

» il s'arrêtoit ensuite entre deux au-
» tres atômes, et se détachoit de
» nouveau avec les mêmes circons-
» tances que ci-devant. Les consé-
» quences de ces observations sont
» évidentes. Le mouvement n'é-
» toit pas spontané, car ces atô-
» mes n'évitoient aucun obstacle,
» et n'avoient aucun caractere de
» spontanéité. » Mais ces atômes
pouvoient-ils donner plus de mar-
ques de spontanéité qu'en se met-
tant en mouvement, qu'en s'arrê-
tant, qu'en se détachant des autres
par une activité qui partoit visiblement de leur intérieur et qu'on ne
pouvoit rapporter ni aux loix du
choc des corps, ni à celles de la
communication du mouvement.
» Ces corps mouvans, poursuit
mr. Néedham, » ne pouvoient pas
» être des animalcules naissans, qui
» eussent été produits par quelque P. 192.

» insecte, les phioles ayant été » bouchées exactement avec du liége ; c'étoient les particules mêmes des germes d'amande. »

J'arrête l'auteur sur cette derniere conséquence. Comment auroit-il pu s'assurer qu'il n'y avoit point d'animaux répandus dans l'air que contenoient les bouteilles, ou dans les germes d'amandes ? Leeuwenhoeck en a bien observé, où l'on ne se seroit jamais imaginé qu'il y en eût. Qui lui a dit que ces animalcules étoient des particules d'amandes ? Et dans le cas où il s'en seroit assuré, qui lui a dit encore que des animaux imperceptibles, même à l'œil aidé du microscope, ne s'étoient pas emparé des débris des germes d'amende, et qu'il n'étoient pas la vraie cause des mouvemens qu'on y apperçevoit ?

J'étonnerois

J'étonnerois fort l'auteur, et je vous étonne vous-même, mr. par cette derniere question: vous comprendrez cependant qu'elle naît de l'exposé de mr. Néedham. Les molecules sont des atômes, elles sont des particules de l'amande, elles n'ont point éte transformées, elles n'ont point acquis de nouvelles parties organiques, elles sont absolument de la nature de germes d'amandes. A la vérité il leur a vu faire des mouvemens qu'on ne pouvoit attribuer *à son avis* à aucune cause extérieure, et qui venoient d'un effort de quelque chose qui agissoit à l'intérieur de la particule. Qu'est-ce que ce quelque chose? Dirons-nous que quoique la particule ait conservé tous les dehors de l'amande, l'intérieur a été organisé à notre insçu, et que c'est à cette organisation intérieure

térieure, que l'on devine, qu'il faut rapporter les mouvemens de la particule? Ce seroit nous renvoier à l'idée confuse d'un je ne sçai quoi, et il paroît que telle est celle de m^{r}. Néedham, quoi qu'il ne s'explique point.

Mais ne pourroit-on pas dire aussi que quelque essein d'animaux, imperceptibles même à l'œil aidé du miscrocope, s'est introduit dans cette particule, et en a fait comme une loge, comme un bateau, où il trouve peut-être, et avec tout ce qu'il lui faut pour subsister, la facilité et l'agrément de manœuvrer dans l'eau? Ce second parti n'est-il pas plus vraisemblable que le premier?

Quand j'entens raisonner m^{rs}. de Buffon et Néedham sur la cause des mouvemens des particules du germe me d'amande, mon imagination me transporte au tems où les sauvages du continent, dont je regrette toujours que vous soiés si voisin, virent pour la premiere fois les vaisseaux espagnols aborder sur leurs côtes : je m'imagine, dis-je, être avec deux de ces sauvages derrière un rocher d'où ils observent ces étonnantes machines. Je suppose qu'ils ne sont point prévenus des fausses idées de l'idolâtrie ; ainsi au lieu de penser que les enfans du soleil irrités contre eux, se sont jettés sur leurs bords, ils cherchent dans la nature l'explication de ces phénomènes si nouveaux pour eux. L'un deux aiant vu des baleines d'une prodigieuse grosseur, s'écrie : c'est un de ces monstres marins animé d'une chaleur si vive qu'il jette du feu: voiés ces aîles * énormes,

* Il y a des poissons volants.

il les

il les prête au vent pour avancer vers nous, il semble qu'il nage le ventre en haut sur son vaste dos. Appercevez-vous ces trous par lesquels il vomit la flame et la fumée ; ce sont peut-être les organes de sa respiration, tels que ceux que nous voions aux chenilles ; voiés vous comme il tourne adroitement pour nous prêter son autre flanc, c'est-à-nous qu'il en veut ; quel épouvantable bruit succéde à ses feux ; c'est assurément un animal dirigé par des mouvemens spontanés. L'autre americain pense bien différemment. Ce n'est point là un animal, dit-il ; c'est une machine naturelle qui s'est formée dans la mer elle me paroît être du bois ; n'appercevés vous pas ces grands arbres, où ce que vous appellés des aîles est attachés. Après avoir ri de leur simplicité, je leurs dis ce que c'est :

une

une machine où des hommes sont cachés, et où ils manœuvrent sans être vûs.

Nos deux americains, les anciens posesseurs de votre pays, eussent philosophé sur les vaisseaux espagnols à peu près comme m[rs]. de Buffon et Néedham raisonnent sur leurs molecules d'amande ; encore les apparences seroient-elles pour nos sauvages, elles rendoient leurs inductions suportables: ils voioient dans les vaisseaux espagnols des parties que l'un pouvoit prendre pour des organes, et l'autre pour des machines ; au lieu que nos deux auteurs ne voyent rien de semblable dans le sujet de leur expérience. Ne pourroit-on point parler ainsi à ces m[rs] : Vos molecules ne sont pas des animaux, ce sont des habitations d'animaux qui y exécutent

tent des travaux convenables et à leur instinct et à leurs mœurs. Où voyez-vous ces animaux repliqueroient-ils ? Où vous voyez, répondrois-je, ces ressorts pratiqués secrettement dans l'intérieur de la molecule.

Vie de Moliere.

Quoi ! si ces m[rs]. eussent vû le clavessin de la Raisin qui jouoit avec tant de justesse les airs qu'on lui demandoit; s'ils n'eussent point apperçû la petite fille, qui, cachée dans cet instrument le rendoit obéissant ; si, dis-je, ils n'eussent pas été témoins de l'accident qui trahit le secret, eussent-ils donc cru que ce clavessin étoit une machine animée ?

J'avoüe qu'il faut supposer des mouvemens concertés entre les animaux du même essein : mais sur

quelle

quelle raison assurerions-nous que ces insectes manquent d'industrie, et qu'ils n'ont pas un instinct particulier? Tout est prodigieusement diversifié dans la nature ; les merveilles que nous y découvrons, en faisant valoir toute l'activité de nos sens, en l'augmentant même par toutes les ressources de l'art, ne sont peut-être pas une millioniéme partie de celles dont la connoissance nous sera toujours refusée. Combien de procédés admirables n'observe-t-on pas dans les polipes à bouquets, qu'on n'auroit jamais soupçonné, et dont on n'a eu aucune idée pendant tant de siécles qui ont précédé le notre ? La figure de cet animal échappe cependant aux meilleurs yeux. La difficulté du concert entre des animalcules ne doit point nous arrêter, dès que nous sçavons que celui qui en a con-

çu

çu et exécuté le plan est infiniment sage et infiniment puissant. Au lieu qu'en supposant que chaque molecule est un animal qui s'est formé lui-même, il est impossible de comprendre comment tous les ressorts, tous les muscles, les actions réunies de ces petites machines, comment tout cela a été produit par une puissance aveugle et incapable, ni de concevoir, ni de suivre aucun dessein. L'air a peut-être ses castors, ses abeilles, et peut-être encore des animaux plus industrieux.

Je ne voudrois pas qu'on généralisât ce systême, qu'on en fît la clef de tous les phénomenes que nous présente le microscope. Je souhaiterois qu'on n'en fît usage que dans les cas où l'on voit que des molecules de végetaux ou d'autres matières, en conservant leur nature et leur figure, comme les débris des germes d'amandes dans l'expérience de m^r. Néedham, deviennent animées et spontanées. Mon systême paroîtra peut-être singulier, mais au moins est-il intelligible: celui des deux amis ne l'est pas, et est pour le moins aussi singulier que le mien. On pourra dire que mon systême n'est point dans la nature, qu'il est idéal; mais on ne peut dire qu'il soit impossible; et l'on peut nier, et la réalité, et la possibilité de celui de ces m^rs. M_r. Néedham ne peut le soutenir qu'en détruisant toutes les notions que nous avons de la matière et de l'étendüe, qu'en reduisant l'univers au néant, comme vous verrez qu'il le fait, lorsque je discuterai l'étrange métaphisique qu'il a bâtie sur ses observations microscopiques. Enfin

fin vous verrez, m^r. dans peu, lorsqu'il sera question des expériences de Leuwenohek repétées par ces m^rs. que si les vües que je propose ne sont qu'un pur systême, elles expliquent au moins assez clairement des phénomenes sur lesquels tous les raisonnemens des deux amis ne jettent qu'une obscurité impénétrable : et peut-être regardera-t-on ces mêmes phénomenes comme des preuves de fait d'une idée que je ne donne que comme une conjecture vraisemblable, lorsqu'on se sera donné la peine de l'approfondir.

Je n'ose assurer qu'on eut pû faire l'application à l'expérience des germes d'amandes ; j'ai fait cette expérience, et en comparant les résultats de mes observations avec la narration de m^r. Néedham, je ne trouve point qu'ils s'accordent avec les siens. J'ai même lieu de présumer que quelques circonstances qui se seront présentées d'une maniere favorable au systême des deux amis, et que par cette raison ils auront adoptées sans trop d'examen, auront pu leur faire illusion ; mais je réserve ce détail à l'été * prochain, où je compte répéter les expériences de m^r. Néedham, en suivant fidélement le peu qu'il nous en dit ; car il semble avoir voulu se reserver le secret des détails ; il faut presque toujours le deviner ; je vous rendrai compte dans le tems de mes succès ; cependant je vas continuer de vous rapporter les expériences de notre auteur, et à vous faire part des réflexions qu'elles m'ont fait naître.

* Cette lettre est du 15. Novembre 1750. & la suivante du 13. Decembre même année.

Après

Aprés ses épreuves sur les germes d'amandes, mr. Néedham examina quinze infusions que mr. de Buffon avoit faites. Il nous en ap-
P. 193. prend le succès : » Quoique les » phioles eussent été bouchées exactement et qu'on eût empêché » toute communication avec l'air » extérieur, cependant en quinze » jours ou environ, les infusions » furent remplies d'une quantité » prodigieuse d'atômes mouvans. » Ils étoient si petits et si actifs que » quoique nous nous servissions » d'une lentille dont le foyer n'étoit que d'une demie ligne, il y a » toute apparence que ce n'étoit » que leur multitude qui les rendoit visibles. Il sembloit donc » que ces particules languissantes que nous avions observées » auparavant, » (Je ne sçai ce que font ici ces particules languis-

santes,

santes : les avoit-ils vües dans les quinze infusions, ou dans les infusions de germes d'amendes ?) » et » quiétoient très grosses respecti- » vement à celles que nous voyions » alors, s'étoient brisées et divisées » en cette multitude immense d'a- » tômes microcospiques actifs. » Ce fut dans ce tems-là que nous » commençames à établir une dis- » tinction entre les corps animés » et ceux qui sont purement mé- » chaniques. . . . . Nous crû- » mes que ces corpuscules et les a- » nimaux (observés par Leuwen- » hoeck) étoient de la derniere espé- » ce, et qu'ils étoient produits dans » leurs fluides respectifs par une » *coalition* de principes actifs ; tan- » dis que nous pensions au contrai- » re que les animalcules microcos- » piques ordinaires où l'on remar- » quoit des caracteres d'*animation* et

„ de

» de mouvement spontané, devoient être rangés parmi les animaux, et qu'ils étoient produits par des individus de même espéce qu'eux. .... Quelque tems après ..... je reconnus que tous les animaux microscopiques communs, (sans en excepter ceux que Leuwenhoek a observés) devoient être rangés dans la même classe, et que leur génération étoit fort différente de celle de tous les autres êtres animés.

C'est ici où commence le partage d'opinions entre mr. Néedham et mr. de Buffon. Celui ci distinguoit dans les infusions qu'il avoit faites de vrais animaux et d'autres molécules qu'il mettoit au rang de simples machines naturelles. Il appelloit animaux ceux qui paroissent avoir des mouvemens sponta-

nés ; et machines, ceux en qui ni lui ni son ami ne vouloient pas reconnoître de tels mouvemens. Comme si le cœur dont le mouvement n'est pas volontaire, avoit une vie différente de celle des muscles des bras, dont l'extension ou le gonflement dépend de la volonté. Mr. Néedham abandonna cette frivole distinction, en se fondant sur ce principe : » Que la force des machines, (fussent-elles naturelles, » fussent-elles les plus composées) » qui vient d'une activité P. 194.
» intime, qui pénétre leur propre » substance, est bien supérieure au » méchanisme commun : et si on » remonte à la source, on trouvera qu'elle est indépendante de la » *configuration*, ou de toutes causes » matérielles, quoiqu'elles puissent l'exciter, la diriger et la distribuer. Si donc nous voulons

„ avoir

» avoir une juste idée de ces êtres,
» nous devons considérer le principe qui leur donne l'activité,
» comme un principe vital et un
» degré d'animation, ce qui est fort
» différent de ce que je pensois autrefois. »

Nous sçavons donc maintenant en quoi consiste le partage d'opinions entre ces deux amis au sujet des molécules vivantes, qu'ils ne veulent mettre ni l'un ni l'autre au rang des vrais animaux. Mr. de Buffon prétend que ces molécules se transforment naturellement en machines ; qu'elles se donnent des parties organiques, et qu'elles les arrangent de la maniere la plus propre à produire les mouvemens qu'il leur voit exécuter. Mr. Néedham ne compte pour rien le méchanisme qu'on pourroit supposer dans ces

ces molécules. Selon lui le vrai principe de leur mouvement est une activité indépendante de la figure, et de la configuration intérieure des parties de ces corps, une activité immatérielle, qu'on ne peut regarder comme une propriété de l'étendüe et de la matière. C'est *un principe vital, une animation.* Voilà des expressions grandes et mistérieuses ! Ne vous en imposeroient-elles point, m^r : j'en doute fort. La cause à laquelle m^r. de Buffon attribüe l'organisation des molécules n'est non-seulement, ni vüe, ni connüe, mais est inintelligible ; et celle à laquelle m^r. Néedham s'attache, est visiblement une chimere ; car quel autre nom peut-on donner à un être qui n'est, ni esprit, ni matière, ni étendüe ; à un être animé dont les mouvemens ne dépendent, ni de la confi-

guration

guration de ses parties, ni du jeu qu'elles peuvent avoir.

Mr. Néedham étend le pouvoir de son principe vital jusqu'aux prétendus animalcules dans lesquels il reconnoît des actions volontaires, ou comme il s'exprime, sponta-
P. 196. nées. Il se détermine à prendre ce parti sur une expérience qu'il a faite sur du jus de viande chaud versé dans une bouteille avec une sixiéme partie d'eau boüillante. La bouteille où il l'avoit mis, avoit été placée pendant quelque tems sur de la cendre chaude, afin de purger la liqueur de tout air grossier qui auroit pu receler quelques insectes; le vase ensuite avoit été bouché et scêlé très exactement.

P. 198. Après que ce jus eut éprouvé pendant quatre jours une chaleur

d'Eté

d'Eté, » la phiole se trouva rem- P. 199
» plie d'animaux microscopiques
» vivans, de différentes dimensions,
» depuis les plus grands jusqu'aux
» plus petits qu'il eût jamais vus. »
Voilà un fait dont mr. Néedham me permettra de lui dire que je doute très fort. Il ne dit point de quel moyen il s'étoit servi pour examiner ce jus (qui devoit-être assez épais) au travers du verre de la bouteille; mais après l'avoir ouverte il en tira quelques goutes pour les observer au microscope; et comme il y vit des molécules animées, il en conclut que ce qu'il avoit apperçu d'animé, étoit auparavant dans la bouteille. Ce raisonnement est d'autant plus hazardé, que, comme vous le verrez bientôt, mr. Néedham suppose lui-même que le tems nécessaire pour préparer le microscope, suffiroit pour intro-

duire

duire les animaux de l'air dans une goute de liqueur. Je ne tenterai donc point d'expliquer comment on pouvoit soupçonner que des insectes ont pu passer dans le jus, malgré la maniere dont la bouteille étoit scélée, jusqu'à-ce que le fait soit constaté; je dirai seulement que l'air ayant été expulsé, les petits animaux ou leurs œufs ont pû rester attachés aux parois du verre, ou demeurer embarrassés dans le jus en abandonnant l'air. Nous ne sçavons pas quel degré de chaleur peuvent soûtenir les animaux aëriens; nous ignorons, si leurs œufs n'ont pas besoin pour éclore d'une chaleur fort supérieure à celle qui fait éclore les œufs de nos volatilles. Mr. Néedham continue sa nar-
p. 199. ration : » La premiere goute que je
» pris m'en fit voir plusieurs (ani-
» maux) qui étoient très bien for-

„ més ,

» més, animés et spontanés dans » leurs mouvemens. » N'avoit-on point fait adroitement quelque mélange, en débouchant les bouteilles a l'insçu de l'auteur? Car pour un fait aussi important, peut-on pousser trop loin la défiance ?

Mr. Néedham confirme son systême par une autre expérience ; il la doit à son ami ; avant d'en rendre compte il nous donne des avis sur le choix de la liqueur qu'on met en observation, la même que Leuwenhoeck a tant examiné. » Il faut P. 210.
» qu'elle soit visqueuse, autrement » cette liqueur s'alterera dans l'at» mosphere par une évaporation de » ses parties volatilles ; elle se li» quefiera, végétera, se ramifiera » en filamens qui se changeront en » globes mouvans, sur-tout si le » tems est chaud, avant qu'on ait

pu

pu en ajuster une goute au microscope. » Vous voyez mr. tout ce qui se passe, pendant le tems qu'on emploie à préparer le microscope: c'est à cet aveu que je fais allusion en parlant de l'observation sur le jus de viande.

Les deux amis virent d'abord
P. 212. » quelques goutes se développer, et
» se liquefier, et se ramifier aussi-
» tôt de tout côtés, en formant de
» longs filamens. Ces filamens
» s'ouvrirent et se diviserent en
» globules mouvans, (voilà ceque
» je n'entens point) qui traînoient
» après eux quelque chose de sem-
» blable à de longues queües ; mais
» ces espéces de queües étoient si
» éloignées d'être des parties desti-
» nées à les faire nager, qu'ellesleurs
» causoient évidemment un mou-
» vement oscillatoire irrégulier, et

» n'étoient

» n'étoient en effet que de longs filamens de substance visqueuse. » Elles se trouvoient de différentes » longueurs dans différens animaux, mais insensiblement par » leur mouvement progressif continuel, elles se racourcirent de » plus en plus, jusqu'à-ce que nous » apperçûmes quelques-uns de ces » animaux absolument sans queüe, » nageant uniformément dans le » fluide. On voioit alors évidemment à quelle classe on devoit les » réduire, puisqu'il étoit clair qu'ils » tiroient leur origine de principes » contenus dans cette matiere. »

Il n'est pas aussi clair que l'auteur le prononce, que ces animalcules dûssent leur origine à des principes contenus dans cette matiere. Pourque ce fait passât pour constant, il faudroit qu'il eût été bien prouvé,

prouvé auparavant, que des animaux n'ont pu quitter l'air pour entrer dans cette matiere qui étoit propre à les nourrir ; et je ne crois pas qu'on trouve aucune impossibilité dans cette supposition. Mr. Néedham appelle végétation, l'opération par laquelle ces molecules étant d'abord de simples filets, se mettent en boule : mais quelle apparence de végétation trouve-t-on dans tout ce procedé ? Chaque molecule est formée d'un filament, on ne lui voit point prendre d'accroissement par l'intus-susception d'une matiere étrangere : Vît-on même ces molécules se gonfler, on devroit penser que ce gonflement est une suite de quelques vuides disséminés. Tout ce que rapporte mr. Néedham donne au contraire l'idée de différentes manœuvres exécutées par différens ani-

maux.

maux, qui s'étant d'abord distribués dans les filets de la liqueur, donnent à la matiere où ils se sont introduits une nouvelle forme. J'apperçois même assez distinctement la spontanéité de ces animalcules dans la maniere dont ils forment leurs globes. Il reste une queüe, une partie du filet surabondante par rapport au logement dont ils ont besoin, ils font des oscillations pour se dégager de cette queüe importune, ils s'en détachent, ou ils la retirent peu à peu dans leur boule. Cette queüe tient-elle au fond du vase, ils continuent leurs oscillations.

Les figures variées des molécules, prouvent encore qu'elles sont l'ouvrage de plusieurs animaux, et non une vraie génération faite par le concours aveugle de plusieurs

particules,

particules. De l'aveu de m$_r$. Néedham, confirmé par le témoignage de Leuwenhoeck, un filet se termine quelquefois en une masse composée de trois globules. Or on conçoit aisément que si un de ces filets a reçû trois esseins d'animaux, chaque essein fait son globe ; et comme il le forme à l'extrémité du filet, les trois globes doivent être contigus. Il peut arriver encore que plusieurs esseins venus de l'air, s'emparent d'une portion de matiere disposée comme du fil en écheveau, que ces esseins faisant chacun leur globe les uns au dessous des autres, le filament prenne la forme d'un chappelet ; que chaque essein prenant ces mouvemens d'oscillation, dont nous avons parlé, pour se dégager de son voisin, il en résulte que les deux côtés du fil se rapprochent et s'écartent

cartent alternativement, et fassent des ellipses, tantôt plus, tantôt moins allongées. C'est aussi ce que mr. Néedham a vu. Il est vrai qu'il prétend que le fil s'est fendu, mais il ne dit pas l'avoir vû se fendre : et quand il l'auroit vû, il s'en suivroit seulement que deux fils d'esseins étant entrés de front dans un filament, l'avoient partagé dans sa longueur, tandis que ceux qui en occupoient les extrémités, et qui y avoient façonné chacun un globule, arrêtoient de part et d'autre les progrès de la séparation du filament.

Cette explication se soûtiendroit, quoique les esseins d'animalcules eussent subsisté dans cette matiere avant qu'elle fût tirée de l'animal. * Mais j'ai de fortes raisons

* Mr. Néedham soutient que ces animaux n'ont

sons de présumer qu'ils viennent de l'air : mes présomptions sont fondées sur un fait ; c'est que l'on voit des molécules se former et s'animer de la même maniere dans des infusions, comme dans celle de farine de bled broié dans un mortier. Je tiens ce fait de mr. Nédham : voici comme il le rapporte, en parlant de son expérience sur le bled broié : » Il parroissoit évidemment qu'après avoir
P. 217. 218.
» laissé quelque tems l'eau attirer les » sels et les parties volatilles qui » s'évaporoient en quantité, la » substance devenoit plus molle, » plus divisée et plus attenuée : à » l'œil nud, ou au toucher elle sembloit être une matiere gélatineu- » se ; mais avec le microscope, on » voioit qu'elle étoit composée

point préexisté dans le refervoir où étoit la matiere employée par Lewenhoeck Il est donc constant qu'ils commencent à naître dans l'air.

„ d'un

» d'une nombre infini de filamens, » et c'est alors que la substance » étoit à son plus haut point d'e- » xaltation, et qu'elle étoit prête à » s'animer, pour ainsi-dire ; ces fi- » lamens se gonfloient par une » force interieure, si active et si » productive, que même avant que » de se diviser en globules mou- » vans, ils étoient de parfaits zoo- » phites, pleins de vie et se mou- » vant d'eux-mêmes. » Des zoophites ne ressemblent-ils pas bien aux animaux dont nous venons de parler ? La seule difference qu'on y remarque, est que les filamens mêmes étoient mobiles dans l'infusion du bled broié, et vraisemblablement parce que les petits insectes venus de l'air trouvoient un milieu propre à rendre sensibles les mouvemens qu'ils se donnoient dans l'intérieur des filets.

Par

Par la même raison il y avoit plus de variété dans la maniere dont les différens insectes aëriens modifioient la substance dont ils s'étoient emparés. En voici un trait singulier que l'auteur nous raconte
P. 218. en ces termes : » Si quelque particule étoit originairement très » petite et sphérique, comme il » s'en trouve plusieurs dans les semences broiées, il étoit fort amusant d'observer sa petite figure » en forme d'étoile, avec des raions » divergens de tout côtés, et chaque rayon se mouvant avec une » grande vivacité ; les extrémités de » cette substance gélatineuse faisoient paroître aussi les mêmes » phénomenes ; elles étoient actives au-delà de toute expression, » et fournissoient continuellement » des particules mouvantes de différentes formes, sphériques, ova-

» les,

» les, oblongues et cilindriques » qui avançoient en toute direc» tion avec spontanéité, et qui é» toient les vrais animaux microscopiques si souvent observés par les naturalistes. » Tant de formes, différentes dans ces particules mouvantes ne seroient-elles point une suite de la varieté du génie et du caractere des animaux qui les occasionnent, et ne pourroient-elles pas servir à distinguer différentes espéces, et différentes classes d'animaux aëriens ?

Mr. Néedham donne une seconde histoire de la même expérience ; elle s'écarte un peu de la premiere ; mais cette seconde narration est très-propre à faire juger que les animalcules qui animent les petites masses de farine ne différent que très-peu de ceux qui s'empa-

rent

rent de la liqueur observée par Leuwenhoeck : » Les premieres » apparences, dit mr. Néedham, » dans l'infusion du bled broié a- » près une dissipation des parties » volatilles .... étoient le se- » cond ou le troisiéme jour des » nuages d'atômes mouvans, que » j'imagine avoir été produits par » une prompte végétation des par- » ties les plus petites et presque in- » sensibles, qui ne demandoient » pas à digérer aussi long-tems » que les plus grossieres. Ces ap- » parences disparurent entierement » en un jour ou deux. Tout étoit » alors tranquille, et on ne voyoit » que des particules formées irré- » gulierement, absolument inacti- » ves jusqu'à environ 14 ou 15 » jours après. De ces particules » réunies en une seule masse, il » sortoit des filamens tous zoo- » phites

P. 219. et 220.

» phites qui se gonfloient par une
» force logée dans chaque fibre.
» Ces filamens étoient en différens
» états, selon que cette force les
» avoit diversifiés. Les uns res-
» sembloient à des coliers de per-
» les, et formoient une espece de
» corolloïde microscopique; d'au-
» tres étoient uniformes dans tou- P. 221.
» te leur longueur, excepté l'ex-
» trémité qui se gonfloit en une
» tête semblable à celle de cette es-
» pece de roseau qu'on appelle la
» masse, si la force avoit agi éga-
» lement de tous côtés; ou bien à
» la tête d'un os à son articulation,
» si la matiere dans son expansion
» n'avoit porté que d'un côté. Ces
» filamens étoient tous tellement
» zoophites, que toutes les fois que
» prenant une goute de la surface
» de cette infusion, j'avois séparé
» une partie d'un filament si cour-

„ te

» te qu'il n'étoit composé que d'en-
» viron 4 ou 5 globules en la ma-
» niere de chapelet, ils s'avançoient
» progressivement et de concert
» avec une sorte de mouvement
» vermiculaire ; et après avoir par-
» couru un fort petit espace, ils
» alloient irrégulierement de côté,
» comme n'étant plus capables de
» mouvemens progressifs, tour-
» noient languissamment leurs ex-
» trémités, et restoient ensuite en
» repos pendant un petit tems. »

Tant de traits de ressemblance ne prouvent-ils pas que les animaux observés par Leuwenhoeck et la plûpart de ceux dont on admire ici les procedés, sont de la même espece ? Les petites différences qu'on peut appercevoir dans ceux-ci ne viennent peut-être que de celles des matieres dans lesquelles ils se sont introduits. Ainsi on

ne

ne seroit point obligé de supposer, comme je l'ai fait plus haut ; que les différentes manoeuvres des essains, indiquent diverses especes d'animalcules aëriens. Ce n'est pas seulement dans ces infusions de bled qu'il a trouvé ces chapelets animés, qu'il a vû aussi dans la matiere examinée par Leuwenhoeck, il en a observé dans plusieurs autres infusions » plus petits à la vérité, » mais entierement réguliers, » constans dans leur mouvement » vermiculaire. » P. 223.

On a vû dans le long extrait que je viens de transcrire, que les premiers jours on apperçevoit une infinité de molécules dans un tres-grand mouvement. On peut conjecturer que les animaux aëriens s'y étoient retiré pour se multiplier ; que l'intervale des 14 ou 15 jours pendant

pendant lesquels le mouvement cessa, fut emploié à faire éclore les œufs.

P. 104. Mr. Nédham rappelle ici une de ses observations microscopiques qu'il avoit publiées à Londres en 1745, et qui avoient été traduites en François par un professeur de Leyde en 1747. Voici le précis de cette observation. La farine niellée paroît, étant au microscope, une substance blanche toute composée de longues fibres, empaquetées ensemble, et qui ne donnent aucun signe de vie ou de mouvement si on ne la met pas dans de l'eau; mais dans cet élement elles se meuvent régulierement, non d'un mouvement progressif, mais en tortillant chacune de leurs extrémités. Lorsque les grains ont été cueillis récemment, il suffit d'en

tirer

tirer les animalcules, et de leur appliquer de l'eau, pour les faire remuer ; mais lorsqu'ils ont été gardés quelque tems, il faut les macerer dans l'eau pendant quelques heures, et alors on les voit s'animer peu-à-peu. Les deux extrémités de ces anguilles, sont tout-à-fait semblables, sans qu'on y remarque aucune apparence, ni de tête, ni de bouche.

Mr. Néedham * a gardé du bled niellé, ceuilli en Angleterre, pendant plus de deux ans. Il le transporta en Portugal, et après y avoir passé un été, ce bled a donné le même spectacle. Mr. Bradley ** a observé, » qu'entre autres causes, P. 108.

* Voiez la Note entiere de la page 107 qui est du traducteur de mr. Néedham : elle est judicieuse.

** Evêque de Cloyne en Irlande, auteur du dialogue singulier sur l'immatérialisme, entre Hylas & Philonaüs.

„ ce qui

» ce qui occasionne la nielle dans
» les bleds, est que parmi les grains
» qu'on seme, il y en a qui sont in-
» fectés de la nielle. Si l'on sup-
» pose que des animalcules trou-
» vent dans la terre une humidité
» suffisante pour leur donner la
» vie, si je puis m'exprimer ainsi,
» eux ou leurs œufs peuvent aisé-
» ment s'insinuer dans le jeune
» bled et croître avec lui. » Ainsi parloit encore mr. Néedham en 1745 et réfutoit d'avance la prétention de mr. de Buffon ; qu'on ne peut trouver l'origine de ces anguilles.

Il est vrai que mr. Néedham a changé d'avis. Dans son dernier ouvrage, il rapporte la formation de ces anguilles aux mêmes principes que son imagination a donné aux animalcules des infusions. Cependant

pendant son habile traducteur lui avoit ouvert la voie de soupçonner que ces anguilles ou ces animalcules ne sont pas des individus d'animaux ; mais des familles entieres d'animaux : » Quoique le mouvement de ces anguilles, dit ce traducteur sçavant dans une note, » soit très sensible ; je n'oserois cependant pas assurer que ce sont » des animaux ; peut-être ne sont-elles que des étuis qui renferment » de petits animalcules........ Il » arrive assez souvent à ces anguilles de se rompre, et alors on voit » sortir de leurs corps plusieurs petits globules noirâtres, envelopés » dans une fine membrane ; or j'ai » observé plusieurs fois que de ces » paquets de globules il sortoit de » petits corps qui nageoient avec » beaucoup de vitesse. Ces globules qu'on peut même découvrir P. 107.

» vrir dans le corps de l'anguille à
» cause de sa transparence, sont-
» ils donc de petits animaux renfer-
» més dans l'anguille, comme un
» étuy ?

Mr. Néedham est d'autant plus blamable d'avoir négligé un avis si sage, qu'on ne peut pas dire qu'il n'y ait pas fait attention, puisqu'il le confirme par une de ses propres expériences. Il nous apprend à la suite de cette même note, que non-seulement ses anguilles de la pâte, mais encore celles du vinaigre, lorsquelles cessent de vivre sous ces formes, se résolvent en globules
P. 107. nouveaux, » pourvu qu'elles se
» décomposent dans l'eau, et non
» dans le vinaigre, qui, dit-il, com-
» me je l'ai observé ailleurs, est un
» astringeant qui s'oppose à cette
» espece de génération. » Au lieu

d'imaginer

d'imaginer que ces globules sont une nouvelle génération d'animaux d'une autre espece que leur mere, comme il le suppose ici, il auroit mieux fait de soupçonner comme son traducteur le lui suggeroit, que la mere prétendue n'est qu'un fourreau. Mais il prend une toute autre route depuis qu'il a trouvé son principe universel : » Qu'il » y a une force végétative dans cha- p. 136.
» que point microscopique de ma-
» tiere. » Bongré malgré il faut que tout y ressortisse. Pourquoi, par exemple, le bled niellé ayant été conservé deux ans, et n'ayant fait voir aucun animal quand on l'a observé sec au microscope ; pourquoi, dis-je, y voit-on des filamens animés dès qu'on le laisse se macerer dans l'eau ? C'est que la force végétative résidant toujours dans ces fibres a été suspenduë pen-

dant deux ans, et que l'eau est propre à la mettre en action. Quelle Physique! Les formes substantielles des anciens ne sont-elles pas aussi raisonnables?

Si mr. Néedham n'a pas été heureux jusques ici en nous expliquant ses expériences, il faut convenir qu'il sçait en imaginer d'assez délicates. En voici une de cette espece où il y a certainement de l'invention. Il prit des morceaux de liége extrêmement minces, il y insera des grains de bled ou d'orge ou quelque autre semence farineuse, *le germe étant tourné en haut, ou emporté avec soin avec la pointe d'un canif, pour les empêcher de germer à la maniere ordinaire*. Il laissa nager ces lieges sur la surface de l'eau fraiche contenue dans un verre exposé au so-
p. 137. leil, » afin que toute la force végé-

» tative

» tative pût être déterminée en en-
» bas vers la moitié inférieure de
» chaque grain, qui dans ce cas
» pouvoit seule s'imbiber et se
» saouler d'humidité : je réussis,
» dit-il, parfaitement dans mon
» dessein ; mes plantes crurent en
» en-bas comme des coraux ....
» quelques jours après, elles devin-
» rent si grosses et si fortes, que je
» pouvois aisément les distinguer
» à la vüe simple. »

Il ne nous apprend point si cette végétation donnoit des simptômes de vie animale. Je ne sçai pourquoi il compare ses plantes aux coraux, qu'on sçait maintenant être l'ouvrage et les dépouilles de plusieurs familles d'animaux ? Ce sont ces mêmes animaux des coraux qui m'ont fait soupçonner que parmi les animalcules aëriens il pouvoit

y en

y en avoir de capables de faire des ouvrages en commun ? Quoi qu'il en soit, j'ai tout lieu de penser que sa végétation étoit une espece de moisissure semblable à celle que j'observai il y a environ 7 ans, sur le cadavre d'une araignée : on l'avoit prise, je ne sçai par quel hazard, en pêchant des insectes, et la jugeant araignée aquatique, je l'avois mise dans l'eau ; elle y mourut. Quatre ou cinq jours après, je vis qu'il sortoit de son corps une aigrette de très beaux filets clairs comme du cristal; ils s'éleverent du fond d'un poudrier haut de plus de trois pouces et presque plein d'eau, jusqu'à quelques lignes de sa surface, et ils étoient terminés par des globules tout aussi transparens que les filets mêmes. Cela étoit très curieux à observer à la forte loupe, quoique la vüe simple pût suffire

pour

pour jouir de ce beau spectacle. Je soupçonnois que cette végétation pouvoit-être du genre des polypes ; mais après l'avoir observée longtems, je n'y découvris rien qui dût me porter à penser qu'elle appartînt au regne animal.

Je ne m'avisai point de tenter l'opération que mr. Néedham imagina de faire sur la production dont il parle. Il coupa l'extrémité végétante d'un de ses grains et la mit dans un verre objectif concave avec de l'eau : » Les plantes prirent a- P. 238.
» lors une nouvelle direction, suivant l'étendue du fluide, et continuerent à végéter, tandis que » j'avois soin, dit-il, de leur fournir de l'eau de tems en tems, en » observant toujours de les cou» vrir, pour empêcher le fluide de » s'évaporer trop-tôt. Ainsi, con-

tinue

» tinue-t-il, j'eus pour le sujet de » mes observations ce que je puis » appeller une isle microscopique, » dont les plantes et les animaux » me devinrent si familiers, que » j'en connoissois toutes les diffé- » rentes especes. » Dès-lors l'auteur ne fit plus usage des grandes infusions : il se pourvut d'un certain nombre de cristaux de montres, ou de verres objectifs concaves pour chaque portion de substance animale ou végétale qu'il se proposoit d'examiner. » On a » ainsi, dit-il, plusieurs petites is- » les fertiles de différens genres, » en faisant macerer les substances » végétantes dans ces petits verres, » et c'est la méthode que je recom- » manderois à tous ceux qui se- » roient curieux de répéter mes ex- » périences, ou de les pousser plus » loin.

Mr. Néedham ne détaille pas assez ses expériences pour qu'on se puisse promettre de réüssir en les répétant. Il ne nous dit point, par exemple, d'où viennent ces colonies dont ses isles sont habitées, ni comment ces animalcules paroissent s'être produits. Il en donne à la vérité deux figures, mais il n'y joint aucune explication. J'imaginerois en les voyant, que les boutons des végétaux de ses isles donnent ces animaux : ce qui me le fait penser, c'est que je ne puis donner un autre sens au discours que je vais transcrire. » Je crois » être en état (c'est mr. Néedham » qui parle) par mes observations » de l'année derniere, de donner » une infinité d'exemples d'une » nouvelle classe d'êtres dont l'ori» gine a été inconnue jusqu'ici, » dans laquelle les animaux crois-

Plan. 7. f. 3. 4.

P. 175.

» sent,

» sent, sont produits, et dans la
» plus étroite signification du mot,
» engendrés par des plantes ; alors
» par une étrange vicissitude, ils
» deviennent de nouveau des plantes d'un autre genre ; celles-ci
» des animaux d'une nouvelle espece, et ainsi de suite : mais ces
» progressions échapent bientôt
» au plus habile observateur, aidé
» des meilleurs microscopes. » Un fait si nouveau méritoit bien d'être détaillé, et d'autant plus que mr. de Buffon s'en est servi pour appuyer son systême sur la génération, en nous faisant mystère du fond même de l'expérience. Mr. Néedham s'étant engagé dans l'ouvrage dont je tâche de vous donner une idée, de nous donner le supplément du systême de son ami, auroit bien dû y ajoûter les preuves qui y manquent par-tout ; et ce qui

étoit encore bien nécessaire, nous développer le beau phénomène de ses isles enchantées : mais il se contente de nous promettre un grand nombre d'autres observations qu'il a faites sur des infusions et autres isles végétantes ; et en lui témoignant l'empressement que nous avons d'être instruits de tant de merveilles, nous le prierons instamment de rendre un compte exact de la méthode qu'il a employée pour réussir dans ses expériences, et d'en bien développer tous les effets. On doit beaucoup regretter qu'ayant autant de goût et de sagacité qu'il en a pour l'observation, il soit cependant si peu curieux de nous donner une histoire plus circonstanciée de ses travaux et de ses succès.

Nous sommes donc forcés, en

attendant mieux, de nous en tenir à ce que représentent ses figures. Dans la quatrieme de la septieme planche on voit sortir de son isle des filets tels que ceux qu'on apperçoit dans les infusions, terminés par des globules simples, ou composés de deux ou trois autres dont l'extrémité imite la partie d'un os faite pour être emboîtée. Enfin on en voit d'autres terminés par des especes de capsules dont la section représenteroit une feuille. Ces derniers, si je ne me trompe, fournissent le point de vûe auquel l'auteur s'est arrêté. De quelques-unes de ces capsules sortent des globules, et ce sont apparemment les animaux dont il parle. Si c'est là, comme je le présume, toute la preuve de son étonnante prétention, et de celle de mr. de Buffon, elle ne fait certainement pas une démonstra-

tion

tion. Un homme qui verroit sortir des insectes d'une galle, auroit tout autant de droit d'en conclure que l'arbre ou la plante d'où naît la galle, engendre (*dans la plus étroite signification du mot*) des insectes. D'où cet observateur tireroit-il sa conséquence? De ce qu'il auroit vû, et de ce qu'il n'auroit point vû. Il n'auroit point vû déposer d'œufs sur la feuille de l'arbre ou de la plante; donc aucuns n'y ont été déposés. Il a vû une galle se former, il en a vû sortir des insectes; donc ces insectes sont un fruit de l'arbre. Le parallèle est très-exact. Mr. Néedham observant la formation des boutons des filets, n'a point apperçû qu'aucun animal, qu'aucun œuf ait été introduit dans la nouvelle production; donc aucun animal ne s'y est fixé; donc il n'y a déposé aucun œuf. Il a vû

sortir

sortir des animaux de ces espèces de fruits ; donc ces animaux sont engendrés, *dans la plus étroite signification du terme*, par des végétaux. Les conséquences de mon observateur de galles ne sont-elles pas tout aussi légitimes ? Et si de la mousse fournit un suc nécessaire au développemenr des œufs de certains animalcules aëriens ; si les vers éclos y font de petites galles qu'on ne peut voir qu'au moyen du microscope, on ne pourra plus trouver de différence entre la maniere de raisonner de mon observateur, et la façon de philosopher de mr. Néedham.

Si j'eusse vû de petits animaux s'échapper d'un bouton de la moisissure de l'araignée dont je vous ai parlé, j'avoue, mr., que j'aurois raisonné tout autrement. J'en

J'en eusse conclu qu'il y a dans l'air des animaux si petits, qu'un filet de moisissure est à leur égard ce qu'une plante ou même un arbre est pour les mouches qui y déposent leurs œufs : j'aurois cru que des œufs ayant été déposés dans le petit bouton qui termine une tige de la moisissure, la nourriture y avoit été portée plus abondamment, et que les vers éclos l'y attirant de plus en plus, avoient donné une forme nouvelle au globule. En voyant de petits globules sortir du bouton, j'aurois dit que ces animalcules étant de nature à vivre en famille, chaque essein s'étoit formé de la substance du bouton une petite loge. Si j'avois vû tomber au fond du poudrier ces globules comme de petites masses sans action ; si une nouvelle végétation m'avoit paru en sortir, j'aurois soupçonné que

que les loges auroient végété, et que les petits cadavres des animalcules susceptibles de la semence d'une autre espece de moisissure, auroit produit de nouvelle moisissure. Si j'eusse vû sortir de celle-ci de petits animaux d'une figure particuliere, j'aurois pensé que des animalcules aëriens d'un autre genre y auroient trouvé une nourriture convenable ou à eux ou à leurs petits. Enfin, m^r. il n'est point d'hypothese physique à laquelle je n'eusse eu recours, plutôt que d'employer des explications métaphysiques qui ne m'aŭroient certainement rien appris, et qui se réduisent à ceci; qu'il y a dans ces moisissures une cause de génération que j'ignore.

Je sçai, m^r. combien les dénouemens que je propose, déplairont aux deux amis, et ce que m^r. Néed-

ham

ham en particulier peut y opposer ; mais ses difficultés ne sont pas insolubles. Il est bon que je les mette sous vos yeux. Les voici dans les termes de mr. Néedham. » Les » naturalistes, dit-il, ont généralement cru que les animaux microscopiques étoient engendrés par » des œufs transportés dans l'air, ou » déposés dans des eaux dormantes » par des insectes volans. » Je l'interromps ici. Je crois que les naturalistes ont eu tort s'ils ont pensé que les animaux aëriens ne déposoient que des œufs. Pourquoi quelques-uns de ces animaux ne se plongeroient-ils pas eux-mêmes dans un liquide propre à les nourrir, comme font tant de scarabés visibles ? » Il est cependant étrange, poursuit l'auteur, qu'aucun » d'eux n'ait encore vû ces insectes » s'ils sont réellement si nombreux ; P. 176.

» puisqu'ils doivent naturellement » tomber sur la surface de toutes » ces eaux. » Je réponds qu'ils peuvent se précipiter avec tant de rapidité que l'œil ne peut les surprendre dans leur passage : peut-être aussi est-il nécessaire que pour se précipiter de l'air dans l'eau, ils fassent le contraire de ce que font les poissons pour s'élever dans leur élément ; qu'ils se contractent pour diminuer leur volume, et augmenter leur densité ; et qu'étant dans l'eau, ils remplissent leurs canaux d'une substance tout autrement dense que celle dont ils étoient pleins dans l'air. La premiere opération, leur contraction, doit les rendre invisibles dans leur passage de l'air dans l'eau; quand même on pourroit supposer qu'ils étoient visibles auparavant. La seconde opération, distendant leurs canaux, les remplissant

sant de sucs plus solides, leur doit donner plus de volume, diminuer leur transparence, et les rendre visibles par conséquent. Quant à ces esseins d'animaux que nous supposons habiter les molecules mouvantes, observées par Lewenhoeck, ils ne sont visibles ni dans leur habitation, ni dans leur passage de l'air dans l'eau, à cause de leur extrême petitesse. L'objection de mr. Néedham disparoît donc et s'évanoüit.

Il continue : » Par quelle cause
» singuliere pouvoit-il arriver dans
» ces petits océans des révolutions
» aussi surprenantes d'une dispari-
» tion totale d'une espece rempla-
» cée presqu'immédiatement par
» une autre, et cela d'une maniere
» si subite et si inattendue, qu'on
» ne sçait si ces animaux se sont re-
» tirés, ou, quelle forme nouvelle

ils

» ils peuvent avoir prise. » Cette cause n'est ni singuliere ni unique. Combien d'insectes paroissent sous trois formes différentes, après être sortis de l'œuf, que l'on peut regarder comme leur premier état ; et sous chacune de ces trois formes plusieurs ont non seulement des figures, mais des manieres de vivre différentes, des procédés tout autres dans l'état de nymphe que dans celui de ver, de mouche ou de scarabé. Pourquoi n'en seroit-il pas de même de plusieurs especes d'animaux aëriens ? Nous ne voyons de quelques-uns que leurs loges. Les esseins, en passant par les trois états dont nous venons de parler, pourront aussi avoir différentes manieres de se construire leurs habitations. Comme ils ont des figures différentes dans leurs loges sous ces trois états, il faudra qu'elle

soit

soit ou tantôt plus ample, ou tantôt plus sérrée pour une de leur forme que pour l'autre. Premiere cause qui n'est pas singuliere.

Outre les différences d'état par où chaque espece de ces animaux (je parle de ceux qui sont réunis en esseins) peut passer, ils sont peut-être distribués en plusieurs classes sous lesquelles il y a diversité de genres et d'especes. Il y en a probablement de voraces qui tuent ceux d'un autre genre. Les polypes à bouquets n'ont-ils pas leurs ennemis? Ces derniers ne paroissent qu'un point au microscope. D'autres peuvent trouver leur subsistance dans les cadavres des animalcules d'une autre espece, s'insinuer dans la loge de ceux-ci, se l'approprier et l'arranger à leur façon, la diviser même entre eux, s'il leur convient mieux que chacun n'en ait qu'une portion ; et ces especes voraces entreront seulement dans l'eau, lorsque les premiers hôtes seront morts, parce que rien ne les y attiroit auparavant. Seconde cause qui n'a encore rien de singulier.

Il peut s'élever des dissensions dans un essein, comme parmi les abeilles : on se divise, on se partage en petits groupes ; chaque parti emporte ce qu'il peut du bien commun. Il suffit que la famille soit devenue trop nombreuse, ou que quelques transfuges, quelques maraudeurs d'un autre essein se soient introduits dans une maison étrangere, pour que tout ce petit peuple soit en rumeur. Le spectateur croit voir de nouveaux animaux plus petits, et ce ne sont que les fragmens des molecules plus

grosse·

grosses qu'il avoit observés. Troisiéme cause qui n'est point singuliere.

Dans le cas où la famille est trop nombreuse, et où la molecule est trop lourde pour lui donner autant de mouvement qu'il seroit nécessaire pour aller chercher de la subsistance; c'est encore une raison de se diviser, et de donner même de nouvelles formes aux petites loges, afin qu'étant plus propres à être transportées, les animaux fassent plus de chemin, et multiplient les hasards qui leur procurent de la nourriture. Quatriéme cause qui n'est point singuliere.

Mais, » s'ils meurent, dit mr. » Néedham, comment périssent-» ils tous sans aucune cause con-» nue? » On répond à cette question

tion par l'exemple des mouches éphemeres. Comment périssent-elles toutes le même jour qu'elles ont pris leur forme d'animal aîlé, sans aucune cause connue ? D'ailleurs cette question tombe plus particuliérement sur ces espéces de corps animés auxquels mr. Néedham refuse la spontanéité, et que je crois habités par des esseins d'insectes invisibles : or le microscope ne nous fait pas voir les animalcules ; comment la cause de leur mort seroit-elle plus sensible ?

P. 177. » Ou s'ils ont pris la forme d'in-
» sectes volans, comment se fait-il
» que je ne voie pas le progrès des
» changemens qu'ils éprouvent ?
» Comment ne les apperçois-je pas
» étendre leurs petites aîles sur ces
» eaux, après y en avoir vû tant de
» millions dans un état aquatique ? »

Comment ?

Comment ? Parce qu'au passage de l'eau dans l'air, il faut qu'ils vuident leurs canaux des sucs qui sont trop grossiers, pour leur permettre de parvenir à la légéreté équivalente á un volume d'air égal au leur. Ils deviennent par-là si diaphanes, qu'ils sont invisibles. Ils étoient déja fort transparens dans l'eau: ainsi un corps humain qui deviendroit aussi léger et aussi transparent que l'air, disparoîtroit totalement. D'ailleurs ces insectes se dépouillent de la forme qu'ils avoient dans l'eau, pour passer dans l'air. Cette réponse est pour les corps animés, qu'on ne peut supposer l'être par un essein d'animalcules. Pour ceux-ci, la réponse est plus facile. Si on ne les voit point passer de l'eau dans l'air, c'est qu'ils sont invisibles, et que je n'apperçois que leurs loges. Mais on voit souvent

ces

ces loges précipitées en forme de sedimens au fond du bassin.

P. 178. » S'il leur est possible, ajoûte » mr. Néedham, de devenir des insectes volans d'une maniere totalement invisible, pourquoi ne » déposent-ils pas alors leurs œufs » dans les mêmes eaux, et ne donnent-ils pas une succession de la » derniere espece qui a disparu. » Je répons à la premiere question, que ces eaux peuvent-être épuisées, n'avoir plus de principes propres à la nourriture d'une nouvelle génération ; ou bien avoir acquis quelque qualité nuisible à ces animaux : à la seconde, que ceux des animalcules aëriens qui déposent leurs œufs dans l'eau, peuvent venir originairement de vers, et qu'ainsi leurs petits passeront comme eux sous trois formes différentes. Ils

peuvent

peuvent aussi être d'une autre espece, comme je viens de l'insinuer. Mais pourquoi supposer des aîles à tous les insectes aëriens ; ne pourroient-ils pas être pour l'air ce que les poissons sont pour l'eau ; et avoir besoin, non d'aîles pour se soutenir en l'air, mais d'autres petites parties invisibles, propres à diriger leurs mouvemens dans cet élement.

» Mais (c'est ici la matiere des P. 172;
triomphes de m^r^. de Buffon,) il y » a encore une plus grande difficulté, à laquelle les anguilles de la » colle de farine donnent lieu. » Nous avons eu le plaisir d'observer m^r^. Jacques Sherwood et » moi, dit m^r^. Néedham, en faisant sur ces animaux, une espéce d'opération césarienne, qu'ils » étoient vivipares ; et la société

» royale

» royale, à la fin de 1745 ou au
» commencement de 1746 nous fit
» l'honneur de faire attention à
» cette découverte, lorsque le mé-
» moire de m[r]. Sherwood fut lû,
» et que les expériences furent ré-
» pétées à une de ses assemblées. Il
» n'est pas besoin de rapporter les
» observations qui ont été faites a-
» lors (il eût été fort à propos de
» les rapporter,) ou même depuis,
» suivant lesquelles la multiplica-
» tion d'une seule anguille alloit
» jusqu'à 106. Il suffit d'observer
» que ces animalcules doivent par
» conséquent avoir atteint leur
» dernier degré de perfection. Il
» ne sont plus sujets à changer, ou
» à prendre un autre état, ils sont
» trop pesans, même le moindre
» d'entre eux, pour être transpor-
» té dans l'air, et ils sont trop a-
» quatiques pour subsister hors de

» l'eau,

» l'eau, ou pour parcourir la terre » seche. » Les araignées d'eau qui sont autant aquatiques pour le moins, puisqu'elles ne vivent pas dans la colle, mais dans l'eau pure, sçavent fort bien vivre sur la terre séche. L'auteur continue : » C'est » ce que j'ai éprouvé et que tout le » monde peut remarquer en lais- » sant évaporer l'eau. La ques- » tion est donc d'expliquer com- » ment dans une masse composée » d'eau de fontaine la plus claire, et » de fleur de farine la plus pure, » échauffée autant qu'il est néces- » saire pour la préparer, ces ani- » malcules peuvent être engen- » drés. »

Cette expérience est donc une difficulté pour mr. Néedham, aus-si-bien que pour ceux qui soutiennent que les animaux viennent de

germes

germes préexistans, puisqu'il en résulte deux questions différentes, l'une pour mrs. Néedham et de Buffon, l'autre pour tous les naturalistes. Celle qui regarde ceux-ci se réduit à ces termes : comment des œufs ou des anguilles ont-ils été introduits dans cette masse, sans qu'on s'en soit apperçu ? La question que les deux amis ont à résoudre est, supposé qu'il soit constant, que ni aucune anguille, ni aucun œuf d'anguille, ne soit entré dans la masse, comment quelque partie de cette masse s'est-elle organisée en anguille féconde et pleine. Cette derniere question suppose nécessairement qu'on a décidé négativement l'autre; mais comment s'assureroit-on, que nul œuf d'anguille, qu'aucune anguille ne s'est placée dans la colle ? On a découvert l'origine des vers qu'on

trouve

trouve dans les fruits, près de 2000 ans après que les philosophes entraînés par des idées populaires l'avoient rapporté à la corruption : l'opinion des anciens étoit-elle plus vraie, parce qu'on n'en connoissoit point la fausseté ? Le tems nous apprendra peut-être, si les œufs de ces anguilles étoient préexistans dans la farine, si la chaleur nécessaire pour cuire la colle, n'est pas à un degré propre à développer le germe de ces œufs, d'une façon extraordinaire ; si ces anguilles n'acquierent pas de volume, par la nourriture qu'elles trouvent dans la colle, beaucoup plus qu'elles n'en auroient dans toute autre matiere, ensorte qu'elles deviennent des monstres en grosseur dans la colle, en comparaison de celle qu'elles ont par tout ailleurs ; si toutes ces anguilles qu'on observe sont

sont des femelles, et s'il n'y a point quelque mâle; si les mâles n'ont point une figure et un volume fort différens du volume et de la figure des femelles; s'ils ne sont point aîlés comme le mâle du ver luisant? etc. Mais ne dût-on jamais trouver de ces heureux hazards propres à fixer l'esprit sur toutes ces questions, il s'ensuivroit que la postérité seroit comme nous dans une parfaite ignorance de l'origine de ces anguilles, et non pas que des molécules de farine détrempée dans l'eau, sçavent s'organiser en anguilles vivipares, et portans des petits. Ce seroit conclure de ce qu'une cause est inconnue, qu'on peut lui en substituer une aussi inintelligible que celle qu'assignent ces messieurs.

C'est tout ce que je puis dire sur

une

une expérience qu'on nous donne seulement en gros, sans nous rendre compte d'aucun des procedés qu'on y a suivi; comme du degré de chaleur emploié dans la cuisson de la colle; de la quantité de la farine et de l'eau; du tems après lequel les anguilles se sont multipliées; du lieu où ces expériences ont été faites: on ne peut aller qu'en tâtonnant quand on ne marche qu'à la lueur d'une lumiere aussi sombre. En voilà assez pour une lettre. Je laisse celle-ci en ville en partant pour la campagne, afin qu'on vous l'envoie par la premiere occasion. Je crois vous avoir assez prouvé, m^r^. que les expériences de m^r^. Néedham ne démontrent nullement qu'il y ait dans la nature des animaux qui n'ayent ni pere ni mere, c'est-à-dire, qui doivent leur être à une certaine force productrice in-

dépendante

dépendante de l'étendue et de la matiere. Pendant mon séjour à la campagne, je tâcherai de vous faire connoître la métaphysique de l'auteur. Les observations nouvelles sur les animalcules de Leuwenhoeck et ceux des infusions lui ont donné naissance; jugez par-là de la solidité de cet édifice, elle ne céde en rien à celle de m[r]. de Buffon; c'est un commentaire parfaitement assorti à son texte, tout aussi obscur que lui. Je m'engage à débrouiller un vrai cahos. Je sens toute la peine et le désagrément qui accompagneront un pareil travail. Mais vous sçavez que rien ne me coute, quand je trouve l'occasion de vous donner de nouvelles preuves du tendre et respectueux attachement avec lequel je suis, m[r].

votre, etc.

12e. lettre.

www.ingramcontent.com/pod-product-compliance
Ingram Content Group UK Ltd.
Pitfield, Milton Keynes, MK11 3LW, UK
UKHW020558180726
13838UKWH00001B/329